湖南省职业教育"十二五"省级重点建设项目

舜皇山土猪生产操作规程

于桂阳　唐礼德　陈平衡　主编

中国农业科学技术出版社

图书在版编目（CIP）数据

舜皇山土猪生产操作规程／于桂阳，唐礼德，陈平衡主编.—
北京：中国农业科学技术出版社，2015.9
ISBN 978－7－5116－2199－3

Ⅰ.①舜…　Ⅱ.①于…②唐…③陈…　Ⅲ.①养猪学－技术操作
规程　Ⅳ.①S828－65

中国版本图书馆 CIP 数据核字（2015）第 169731 号

责任编辑　　徐　毅
责任校对　　马广洋

出 版 者　　中国农业科学技术出版社
　　　　　　北京市中关村南大街 12 号　邮编：100081
电　　话　　（010）82106631（编辑室）　（010）82109702（发行部）
　　　　　　（010）82109709（读者服务部）
传　　真　　（010）82106631
网　　址　　http://www.castp.cn
经 销 者　　各地新华书店
印 刷 者　　北京富泰印刷有限责任公司
开　　本　　787 mm×1 092 mm　1/16
印　　张　　8.5
字　　数　　200 千字
版　　次　　2015 年 9 月第 1 版　2015 年 9 月第 1 次印刷
定　　价　　22.00 元

《舜皇山土猪生产操作规程》
编 委 会

顾　问　李世胜　　翟惠根

主　任　王中军

副主任　燕君芳　　于桂阳

成　员　蒋艾青　　陈果亮　　唐礼德　　唐慧稳

　　　　欧阳叙向　陈松明　　黄武光　　唐　伟

主　编　于桂阳（永州职业技术学院）

　　　　唐礼德（湖南恒惠集团）

　　　　陈平衡（湖南恒惠集团）

副主编　郑春芳（永州职业技术学院）

　　　　翟思建（湖南恒惠集团）

　　　　容慧凤（湖南恒惠集团）

参　编　刘俊琦（永州职业技术学院）

　　　　黄杰河（永州职业技术学院）

　　　　覃开权（永州职业技术学院）

　　　　谢雯琴（永州职业技术学院）

　　　　高　仙（永州职业技术学院）

前　言

　　舜皇山土猪，学名"东安猪"，因产于舜皇山一带而得名。据《永州府志》、《零陵地区志》、《东安县志》记载，永州的养猪业已有几千年的历史，相传舜帝南巡至舜皇山时就传授了当地山民驯养小猪的方法。在商、周时代，永州的养猪生产已很发达。

　　1982 年湖南省畜禽品种资源普查，发现原产于湘潭的沙子岭猪、衡阳县的寺门前猪、常宁县的荫田猪以及东安县的东安猪，体型外貌和生产性能相近、生态环境相似，因此，将它们归并为同一品种，统称沙子岭猪，载入《湖南省家畜家禽品种志》。1982年 5 月，《中国猪品种志》编写组在湖北武汉召开的"华中两头乌猪"学术讨论会上，认为湖南的沙子岭猪、湖北的通城猪和监利猪、江西的赣西两头乌猪以及广西的东山猪属于同一品种，全国统一命名为"华中两头乌猪"，同时允许各省沿用习惯名称。2012年 12 月，舜皇山土猪获得国家地理标志产品保护。

　　舜皇山土猪的外貌特征是：点头墨尾，即头和尾部毛色为黑色，其他部分均为白色；头短而宽，面微凹；耳中等大，形如蝶；额部有皱纹，背腰较平直，腹大但不拖地。舜皇山土猪肉色泽深红色，大理石纹明显，肉质细嫩；脂肪洁白，含水量低，结缔组织清晰，煮沸烹饪后肉汤澄清透明，香味浓郁，素有"一家煮肉四邻香"的美称。但盛名之下鱼龙混杂，一些其他品种土猪也被称之为"舜皇山土猪"，极大地损害了舜皇山土猪的声誉，阻碍了舜皇山土猪这一农业特色产业的发展。湖南恒惠集团采用"公司＋基地＋农户"的经营模式，在政府部门和企业的共同努力下，舜皇山土猪产业获得长足发展，促进了产业调整升级和当地农民增收。为了更有效地保护和开发舜皇山土猪资源，依据其品种形成的自然生态和人文历史，结合现代饲养、加工技术，制订本生产操作规程。

作　者

2015 年 5 月

术语和定义

1. 地理标志产品：是指产自特定地域，所具有的质量、声誉或其他特性本质上取决于该产地的自然因素和人文因素，经审核批准以地理名称进行命名的产品。

2. 舜皇山土猪：产于舜皇山区域内的具有"点头墨尾"（即头和臀部毛色为黑色，有晕，其他部分均为白色）外貌特征的肉脂兼用型猪种。舜皇山土猪获国家地理标志产品保护，产地范围为湖南省永州市冷水滩区、零陵区、东安县、双牌县、祁阳县5个县区现辖行政区域。

3. 谷壳糠：用稻谷加工大米后剩下的谷壳粉碎而成。

4. 减量化：污物尽量场内处理，减少向外排放量。如采取固液分离、水尿分离、固体污物焚烧等办法。

5. 无害化处理：将经检验确定为不适合人类食用或不符合兽医卫生要求的动物、胴体、内脏或动物的其他部分进行高温、焚烧或深埋等处理的方法或过程。

6. 资源化：将污染物尽量转化成有价值的资源重新利用，变废为宝。

7. 杂交亲本：即猪进行杂交时选用的父本和母本（公猪和母猪）。

8. 五谷杂粮：是指稻谷、麦子、大豆、玉米、薯类。

9. 生物安全：是指防止传染病进入猪场内散播和继续传播到其他猪场的措施；猪场生物安全体系就是排除疫病威胁，保护动物健康的各种方法的集成。总体包括：环境、猪群的健康、卫生防疫、营养、兽医管理等几个方面。

10. 舜皇山土猪肉：是以在永州市境内生产的舜皇山土猪加工而成的分割肉，以及以优质舜皇山土猪肉为原料，利用传统方法，加上现代食品加工工艺，制作而成的一种传统地方特色食品。

11. 猪屠体：猪屠宰、放血后的躯体。

12. 猪胴体：猪屠宰放血后，去头、蹄、尾、毛及内脏的躯体。

13. 分割肉：胴体去骨后，按规格要求分割成各个部位的肉。

14. 内脏：猪胸、腹腔内的器官，包括心、肝、肺、脾、胃、肠、肾、胰脏、膀胱等。

15. 挑胸：用刀或设备沿胸中部挑开胸骨。

16. 同步检验：生猪屠宰剖腹后，取出内脏放在设置的盘子上或挂钩装置上并与胴体生产线同步运行，以便兽医对照检验和综合判断的一种检验方法。

17. 冷鲜肉：又叫冷却肉、排酸肉、冰鲜肉，准确地说应该叫"冷却排酸肉"。是指严格执行兽医检疫制度，对屠宰后的畜胴体迅速进行冷却处理，使胴体温度（以后腿肉中心为测量点）在24小时内降为0~4℃，并在后续加工、流通和销售过程中始终保持 0～4℃范围内的生鲜肉。

18. 肉制品：是指用猪肉为主要原料，经调味制作的熟肉制成品或半成品，如香肠、火腿、酱卤肉、烧烤肉等。

19. 肉品质：评定肉品质的指标很多，主要包括肉的颜色、嫩度、保水性能（系水力）、肌肉脂肪含量（大理石状）、肉味和 pH 值等。

20. 冷冻肉：是指将肉置于 -18℃ 以下或更低的温度环境中冷冻并保存的畜肉。

21. 酱卤肉制品：以鲜冻猪肉和可食副产品放在加有食盐、酱油（或不加）、香辛料的水中，经预煮、浸泡、烧煮、酱制（卤制）等工艺加工而成的酱卤系列肉制品。

22. 腊肉：指以鲜（冻）畜禽肉为原料，加入辅料，经腌制，晾晒、烘干或烟熏加工制成的咸肉或腊肉制品。

23. 火腿：以鲜猪肉后腿为原料，经腌制、洗晒或风干、发酵或不发酵加工而成的具有火腿特有风味的生肉制品。

24. 熏煮香肠：是一大类香肠肉制品，指以鲜、冻猪肉为主要原料，经选料绞碎、腌制、斩拌（乳化或搅拌）、充填，再经烘烤、蒸煮、烟熏（或不烟熏）、冷却等工艺制成的熟肉制品。

25. 初级生产：从动物饲养或捕获、运输到屠宰前的整个过程。

26. 宰前检验：在动物屠宰前，判定动物是否健康和适合人类食用进行的检验。

27. 宰后检验：在动物屠宰后，判定动物是否健康和适合人类食用，对其头、胴体、内脏和动物其他部分进行的检验。

28. 危害分析和关键控制点：对食品安全显著危害进行识别、评估以及控制的体系，即以 HACCP 原理为基础的食品安全控制体系。

规范性引用文件

1. GB 2722　鲜猪肉卫生标准
2. GB 16548　畜禽病害肉及其产品无害化处理规程
3. GB 18596　畜禽场污染物排放标准
4. NY 5027　无公害食品　畜禽饮用水水质
5. NY 5029　无公害食品　猪肉
6. NY 5032　无公害食品　生猪饲养饲料使用准则
7. NY 5030　无公害食品　生猪饲养兽药使用准则
8. NY 5031　无公害食品　生猪饲养兽医防疫准则
9. DB43／T 255—2005　沙子岭猪
10. 中华人民共和国畜牧法
11. 中华人民共和国动物防疫法
12. 兽药管理条例
13. 中华人民共和国兽药典
14. 中华人民共和国兽药规范
15. 饲料药物添加剂使用规范
16. 地理标志产品保护规定
17. GB／T 191　包装储运图示标志
18. GB 317.1　白砂糖
19. GB 2707　猪肉卫生标准
20. GB 2717　酱油卫生标准
21. GB 2720　味精卫生标准
22. GB 2721　食用盐卫生标准
23. GB／T 2828　计数抽样检验程序
24. GB 4789.2　食品卫生微生物学检验　菌落总数测定
25. GB 4789.3　食品卫生微生物学检验　大肠菌群测定
26. GB 4789.4　食品卫生微生物学检验　沙门氏菌检验
27. GB 4789.5　食品卫生微生物学检验　志贺氏菌检验
28. GB 4789.10　食品卫生微生物学检验　金黄色葡萄球菌检验
29. GB 4789.17　食品卫生微生物学检验　肉与肉制品检验
30. GB／T 5009.3　食品中水分的测定
31. GB／T 5009.5　食品中蛋白质的测定

32. GB/T 5009.11　食品中总砷及无机砷的测定

33. GB/T 5009.12　食品中铅的测定

34. GB/T 5009.15　食品中镉的测定

35. GB/T 5009.17　食品中总汞及有机汞的测定

36. GB/T 5009.22　食品中黄曲霉毒素 B1 的测定

37. GB/T 5009.27　食品中苯并（a）芘的测定

38. GB/T 5009.29　食品中山梨酸、苯甲酸的测定

39. GB/T 5009.33　食品中亚硝酸盐与硝酸盐的测定

40. GB/T 5009.44　肉与肉制品卫生标准的分析方法

41. GB/T 6543　运输包装用单瓦楞纸箱和双瓦楞纸箱

42. GB 7718　预包装食品标签规则

43. GB 9687　食品包装用聚乙烯成型品卫生标准

44. GB 50317　猪屠宰与分割车间设计规范

45. GB/T 10004　耐蒸煮复合膜袋

46. GB/T 12456　食品中总酸的测定

47. GB/T 12457　食品中氯化钠的测定

48. GB 12694　肉类加工厂卫生规范

49. GB 14881　食品企业通用卫生规范

50. GB 15197　精炼植物油卫生标准

51. GB/T 15691　香辛料通用技术条件

52. GB/T 17236　生猪屠宰操作规程

53. NY467　畜禽屠宰卫生检疫规范

54. 0DB43/116　湘味腌腊肉

55. DB43/160.2　湘味熟食畜禽熟食

56. JJF 1070　定量包装商品净含量计量检测规范

57. 国家质量监督检验检疫总局令［2005］第 75 号《定量包装商品计量监督管理办法》

目　　录

第一章　舜皇山土猪的饲养环境与设施要求 ………………………… (1)
　第一节　饲养环境与场区布局 …………………………………… (1)
　　一、饲养环境 …………………………………………………… (1)
　　二、场区布局 …………………………………………………… (1)
　　三、猪舍设计 …………………………………………………… (1)
　　四、室内环境要求 ……………………………………………… (3)
　　五、水质及饮水卫生 …………………………………………… (4)
　第二节　舜皇山土猪饲养设施要求 ……………………………… (5)
　　一、猪舍 ………………………………………………………… (5)
　　二、猪栏 ………………………………………………………… (7)
　　三、饲喂设备 …………………………………………………… (8)
　第三节　规模化猪场粪便综合利用技术规程 …………………… (10)
　　一、综合利用原则 ……………………………………………… (10)
　　二、固体粪便的综合利用 ……………………………………… (10)
　　三、液体粪便的综合利用 ……………………………………… (11)
第二章　舜皇山土猪的选育与杂交利用 ………………………… (13)
　第一节　舜皇山土猪种质特性与资源保护 ……………………… (13)
　　一、舜皇山土猪形成的历史 …………………………………… (13)
　　二、舜皇山土猪的主要种质特性 ……………………………… (13)
　　三、种质资源保护 ……………………………………………… (14)
　第二节　舜皇山土猪杂交利用 …………………………………… (16)
　　一、杂交利用 …………………………………………………… (16)
　　二、新品种的培育 ……………………………………………… (16)
　第三节　舜皇山土猪的选择与引种 ……………………………… (16)
　　一、舜皇山土猪猪种选择的基本要求 ………………………… (16)
　　二、猪种的引进 ………………………………………………… (18)
第三章　舜皇山土猪的营养需要与饲料配制 …………………… (21)
　第一节　舜皇山土猪的营养需要及饲养标准 …………………… (21)
　　一、营养需要 …………………………………………………… (21)
　　二、饲养标准 …………………………………………………… (28)
　第二节　舜皇山土猪的常用饲料及营养价值 …………………… (29)
　　一、能量饲料 …………………………………………………… (29)

二、植物性蛋白质饲料 ··· (31)

三、动物性蛋白质饲料 ··· (33)

四、矿物质 ··· (34)

五、青绿饲料 ··· (35)

六、饲料添加剂 ··· (38)

第三节 舜皇山土猪的饲料配制 ··· (39)

第四章 舜皇山土猪的饲养管理 ··· (41)

第一节 舜皇山土猪的饲养 ··· (41)

一、舜皇山土猪一般饲养管理技术 ····································· (41)

二、舜皇山土猪不同阶段的饲料类型 ··································· (42)

三、不同类型猪的饲喂方法和饲养密度 ································· (43)

第二节 种公猪的饲养管理 ··· (43)

一、公猪的饲喂 ··· (43)

二、公猪的使用 ··· (43)

三、定期检测精液品质 ··· (44)

四、公猪的运动 ··· (44)

五、配种的管理 ··· (44)

六、防暑与降温 ··· (44)

七、日常工作程序 ··· (44)

八、其他 ··· (44)

第三节 后备母猪的饲养管理 ··· (45)

一、后备母猪饲养 ··· (45)

二、后备母猪的日常管理 ··· (45)

三、日常工作程序 ··· (46)

第四节 空怀和妊娠母猪的饲养管理 ····································· (46)

一、断奶母猪的饲养管理要点 ··· (46)

二、妊娠母猪的饲养管理要点 ··· (47)

三、日常工作程序 ··· (48)

第五节 分娩和哺乳母猪的饲养管理 ····································· (48)

一、产前准备 ··· (48)

二、母猪接产 ··· (49)

三、哺乳母猪的饲养 ··· (49)

四、哺乳母猪的管理 ··· (50)

第六节 哺乳仔猪的饲养管理 ··· (51)

一、仔猪出生时的管理 ··· (51)

二、预防哺乳仔猪下痢 ··· (52)

第七节 断奶仔猪饲养管理 ··· (52)

一、断奶仔猪的饲养 ··· (52)

　　二、断奶仔猪的管理 ……………………………………………………（53）

　第八节　生长育肥猪的饲养管理 ………………………………………（54）

　　一、生长肥育猪的饲养 …………………………………………………（54）

　　二、生长肥育猪的管理 …………………………………………………（55）

　　三、建立质量安全追溯制度 ……………………………………………（55）

　第九节　主要生产指标 …………………………………………………（56）

第五章　舜皇山土猪疫病防治 ……………………………………………（57）

　第一节　养猪场防疫技术规范 …………………………………………（57）

　　一、防疫条件 ……………………………………………………………（57）

　　二、防疫管理 ……………………………………………………………（57）

　　三、疾病防治 ……………………………………………………………（58）

　　四、疫病监测 ……………………………………………………………（59）

　　五、疫病的控制和扑灭 …………………………………………………（59）

　　六、记录记载 ……………………………………………………………（59）

　第二节　猪场卫生防疫制度 ……………………………………………（59）

　　一、猪场防疫制度 ………………………………………………………（59）

　　二、生活区防疫制度 ……………………………………………………（59）

　　三、车辆卫生防疫制度 …………………………………………………（60）

　　四、购销猪防疫制度 ……………………………………………………（60）

　　五、疫苗保存及使用制度 ………………………………………………（60）

　第三节　猪场免疫程序 …………………………………………………（61）

　　一、舜皇山土猪参考免疫程序 …………………………………………（61）

　　二、生长肥育猪的免疫程序 ……………………………………………（61）

　　三、后备公、母猪的免疫程序 …………………………………………（62）

　　四、经产母猪免疫程序 …………………………………………………（62）

　　五、配种公猪免疫程序 …………………………………………………（62）

　　六、其他疾病的防疫 ……………………………………………………（62）

　　七、免疫监测 ……………………………………………………………（63）

　第四节　猪场寄生虫病防治技术规范 …………………………………（63）

　　一、重点防控的寄生虫病 ………………………………………………（63）

　　二、防治原则 ……………………………………………………………（63）

　　三、粪便、尸体、废弃物（液）的处理 ………………………………（64）

　　四、监测评价 ……………………………………………………………（64）

　第五节　猪场消毒技术规范 ……………………………………………（66）

　　一、消毒设施 ……………………………………………………………（66）

　　二、常用消毒剂 …………………………………………………………（66）

　　三、消毒方法 ……………………………………………………………（67）

　　四、消毒制度 ……………………………………………………………（67）

　　　五、注意事项 ……………………………………………………（69）

　　　六、消毒记录 ……………………………………………………（70）

　　第六节　猪场预防用药及保健 ………………………………………（70）

　　　一、初生仔猪（0~6日龄）……………………………………（70）

　　　二、5~10日龄开食前后仔猪 …………………………………（71）

　　　三、21~28日龄断奶前后仔猪 …………………………………（71）

　　　四、60~70日龄小猪 ……………………………………………（71）

　　　五、育肥或后备猪 ………………………………………………（71）

　　　六、成年猪（公、母猪）………………………………………（72）

　　第七节　猪场常见病防治 ……………………………………………（73）

　　　一、常见普通病药物防治 ………………………………………（73）

　　　二、常见传染病诊断与防治 ……………………………………（74）

第六章　舜皇山土猪肉生产加工技术规范 …………………………………（84）

　　第一节　舜皇山土猪屠宰分割与卫生检验 …………………………（84）

　　　一、生猪屠宰加工工艺流程示意图 ……………………………（84）

　　　二、刨毛猪屠宰加工工艺流程 …………………………………（85）

　　　三、剥皮猪屠宰加工工艺流程 …………………………………（85）

　　　四、生猪屠宰操作规程 …………………………………………（86）

　　第二节　舜皇山土猪肉制品加工规范 ………………………………（89）

　　　一、冷却猪肉加工 ………………………………………………（89）

　　　二、冷冻肉加工生产规范 ………………………………………（91）

　　　三、酱卤肉制品生产规范 ………………………………………（93）

　　　四、腌腊肉制品生产规范 ………………………………………（98）

　　　五、熏煮香肠与火腿生产规范 …………………………………（100）

　　第三节　舜皇山土猪加工安全卫生管理规范 ………………………（105）

　　　一、初级生产 ……………………………………………………（105）

　　　二、车间和设备设施卫生要求 …………………………………（106）

　　　三、屠宰加工的卫生控制 ………………………………………（109）

　　　四、包装、储存、运输卫生 ……………………………………（111）

　　　五、人员要求 ……………………………………………………（112）

　　　六、卫生质量体系及其运行的要求 ……………………………（112）

　　第四节　生鲜制品的质量与管理 ……………………………………（114）

　　　一、生鲜制品的保存与管理 ……………………………………（114）

　　　二、连锁店冷却肉的保鲜管理 …………………………………（114）

　　第五节　生鲜制品贮存、运输、销售管理规范 ……………………（116）

　　　一、生鲜制品装卸车管理规范 …………………………………（116）

　　　二、生鲜制品运输与销售管理规范 ……………………………（117）

参考文献 ………………………………………………………………………（119）

第一章　舜皇山土猪的饲养环境与设施要求

第一节　饲养环境与场区布局

一、饲养环境

猪场选址遵循《中华人民共和国畜牧法》的规定，选择在交通方便，地势高燥，环境幽静，无有害气体、烟雾、沙尘及其他污染的地区，远离工矿企业、机关、学校、医院、居民住宅区、饮用水源及其他公共场所，距离交通干道、城镇街道、工厂学校 1km 以上、距一般道路 500m 以上。水源充足、洁净，符合饮用水国家标准；猪场要选在农村，最好选在海拔高度 500 ~ 1 500m 山区。

猪场总占地面积符合年出栏一头育肥猪占地 3 ~ 4m² 的要求，生产建筑面积应符合年出栏一头育肥猪需 1 ~ 1.5m² 的要求。

二、场区布局

按《中华人民共和国畜牧法》的规定执行。场区实行生活区、生产区、无害化处理区三区分离，相距（50 ~ 300）m，净道与污道分离，入场大门口和人行道入口、生产区大门入口、无害化处理区门口以及猪场各栋栏舍入口设消毒设施，道路铺设水泥地面。猪舍坐北朝南，偏东 10° ~ 15°，通风、干燥、明亮，具有防暑降温和防寒保暖功能。

生活区：包括职工宿舍、食堂、文化娱乐室、运动场地等。此区应设在猪场大门外面的地势较高的卜风向或偏风向，避免生产区臭气与粪水的污染，并便于与外界联系。

生产区：包括各类猪舍和生产设施，是猪场的最主要区域，禁止一切外来车辆与人员进入，饲料运输用场内小车经料库内门领料，围墙处设装猪台，售猪时经装猪台装车，避免装猪车辆进场。

隔离区：此区包括兽医室、隔离猪舍、尸体剖检和处理设施、粪污处理区等。该区是卫生防疫和环境保护的重点，应设在地势较低的下风处，并注意消毒及防护。

三、猪舍设计

（一）栏舍设计

栏舍设计采用传统猪栏，栏舍坐北朝南（偏东 80° ~ 150°）、背风向阳，通风、干燥、亮堂；采用单列式或双列式。基本要求，南北墙设对称窗户，窗台距地 1.0 ~

1.2m，窗户尽可能大，分上、下层，窗的上层高度占全窗高度的1/5，以利于通风高度及通风量的调节。结构按双列式、长方形布局，以PVC管埋设圈内地下排污管道。走道宽1.2～1.35m；以紧邻式和对称式开设圈门，圈门与管道入排口在同一线上，饮水器设置在该口附近上方。圈门宽：0.50～0.65m；圈栏内径面积，繁殖母猪4.5～6.5m²，公猪7～10m²，生长肥育猪8～12m²；在圈的长与宽尺寸上，以南北向长度大于东西向宽度为好，因为在饲养效果上正方形圈优于长方形圈；圈墙高，母猪、生长肥育猪圈墙高：0.7～0.8m，公猪1.1～1.2m；雨污分离，配套建设沼气池。

猪舍可按单列式、双列式和开放式、半开放式设计，如图1－1、图1－2、图1－3、图1－4。其中，单列式南向设运动坪，有利于猪的福利，但占地和投资均高于双列式。

图1－1　猪舍样式示意图：单列式（左），双列式（右）

图1－2　双列式母猪示意图：走道设护仔栏（左），圈内设护仔栏（右）

（二）地面要求

地面平整硬实，不打滑，呈10°～15°坡度，不积水和粪尿。

（三）墙面要求

东、西山墙，南、北围墙以及舍内猪栏隔墙；在1.2m高的范围内为实砖墙，其上部为空斗砖墙。墙面平坦、光滑、便于消毒。

图1-3　敞开式猪舍示意图：单列半开放式（左）、双列开放式（右）

图1-4　猪舍地面示意图

四、室内环境要求

（一）温度和湿度要求

不同猪群由于所处年龄不同，生长发育阶段有异，要求的环境温度和湿度各不相同。舜皇山土猪不同生理和生长阶段温度要求，见表1-1。

表1-1　舜皇山土猪不同生理和生长阶段温度要求

阶　段	适宜温度（℃）	相对湿度（%）
种公猪	14~24	40~80
种母猪	14~22	40~80
哺乳母猪	15~22	40~80
哺乳仔猪（7kg以下）	30~32	40~80
保育猪〔（7~15）kg〕	24~28	40~80
仔、中猪〔（16~50）kg〕	20~24	40~80
大猪（50kg以上）	15~24	40~85

（二）猪舍通风

通风率必须足以移除热量、水汽和污染物，而又不至于使室内气温降幅过大。换气率取决于舍养猪的种类、大小和数量，以及外界气温。猪舍通风量（每千克活重每小时所需空气立方米数）和风速应符合表 1 - 2 的规定。

表 1 - 2　猪舍通风参数指标

猪群类别	通风量（$m^3/h \cdot kg$）			风速（m/s）	
	冬季	春秋季	夏季	冬季	夏季
种公猪	0.45	0.60	0.70	0.20	1.00
成年母猪	0.35	0.45	0.60	0.30	1.00
哺乳母猪	0.35	0.45	0.60	0.15	0.40
哺乳仔猪	0.35	0.45	0.60	0.15	0.40
培育仔猪	0.35	0.45	0.60	0.20	0.60
育肥猪	0.35	0.45	0.65	0.30	1.00

注：表中风速指猪所在位置猪体高度的夏季适宜值和冬季最大值。在最热月份平均温度≤28℃的地区，猪舍夏季风速可酌情加大，但不宜超过 2m/s，哺乳仔猪不得超过 1m/s

（三）猪舍空气要求

猪舍空气中的氨（NH_3）、硫化氢（H_2S）、二氧化碳（CO_2）、细菌总数和粉尘含量不得超过表 1 - 3 的规定。

表 1 - 3　猪舍空气卫生要求

猪群类别	氨（mg/m^3）	硫化氢（mg/m^3）	二氧化碳（%）	细菌总数（万个/m^3）	粉尘（mg/m^3）
公猪	26	10	0.2	≤6	≤1.5
成年母猪	26	10	0.2	≤10	≤1.5
哺乳母猪	15	10	0.2	≤5	≤1.5
哺乳仔猪	15	10	0.2	≤5	≤1.5
培育仔猪	26	10	0.2	≤5	≤1.5
育肥猪	26	10	0.2	≤5	≤1.5

为保持猪舍空气卫生状况良好，必须进行合理通风，改善饲养管理，采用合理的清粪工艺和设备，及时清除和处理粪便和污水，保持猪舍清洁卫生，严格执行消毒制度。

五、水质及饮水卫生

（一）水源
地下水、自来水、人工蓄水、江河湖泊水。

（二）水源水质要求
饮用水须透明无色、无臭味、无异味、无污染、无肉眼可见物。

除自来水外，其他饮用水须定期送卫生监督部门检测，符合 NY5027 的规定。

保持新鲜充足的饮水，每天清洗消毒饮水器具（表1-4、表1-5）。

表1-4 饮用水质量

序号	项目	单位	自备井	地面水	自来水
1	大肠杆菌数	个/L	3	3	
2	细菌总数	个/L	100	200	
3	pH 值	—	5.5~8.5		
4	总硬度	mg/L	600		
5	溶解性总固体	mg/L	2 000		
6	铅	mg/L	Ⅳ类地下水标准	Ⅳ类地下水标准	饮用水标准
7	铬（六价）	mg/L	Ⅳ类地下水标准	Ⅳ类地下水标准	饮用水标准

表1-5 畜禽饮用水水质标准

	项目	标准值
感官性状及一般化学指标	色（°）≤	色度不超过30°
	浑浊度（°）≤	不超过20°
	臭和味≤	不得有异臭、异味
	肉眼可见物≤	不得含有
	总硬度（以 $CaCO_3$ 计）（mg/L）≤	1 500
	pH 值	5.5~9
	溶解性总固体（mg/L）≤	4 000
	氯化物（以 Cl^- 计）（mg/L）≤	1 000
	硫酸盐（以 SO_4 计）（mg/L）≤	500
细菌学指标	总大肠杆菌群（个/100ml）≤	成年畜10，幼1
	氟化物（以 F^- 计）（mg/L）≤	2.0
	氰化物（mg/L）≤	0.2
	总砷（mg/L）≤	0.2
病理学指标	总汞（mg/L）≤	0.01
	铅（mg/L）≤	0.1
	铬（六价）（mg/L）≤	0.1
	镉（mg/L）≤	0.05
	硝酸盐（以 N 计）（mg/L）≤	30

第二节 舜皇山土猪饲养设施要求

一、猪舍

（一）猪舍结构

猪舍是猪场的主体建筑，一般采用轻钢结构或砖混结构。完整的猪舍主要由墙壁、屋顶、地面、门、窗、粪尿沟、隔栏等部分构成。标准化猪场一般由配种舍、妊娠舍、分娩哺乳舍、断奶仔猪舍、生长舍和育肥舍等这六类猪舍组成。

（二）建筑形式

猪舍分为公猪舍、配种猪舍、妊娠猪舍、分娩母猪舍、保育猪舍、生长猪舍、育肥猪舍和隔离猪舍等。分娩母猪舍、仔猪保育舍采用四面有墙的密闭式猪舍，便于保温；其他猪舍可采用半开式或密闭式猪舍，便于通风降温。单列排列的猪舍采用半坡式屋顶，光照和通风好，适合小规模猪场；双列猪舍宜采用双坡式屋顶，其保温效果好，适合大规模猪场。猪舍檐墙以3m为宜，跨度8m为宜（图1-5）。

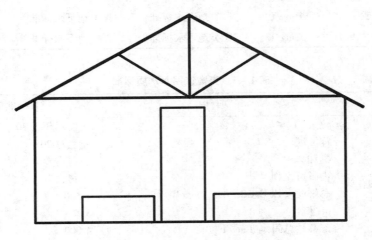

图1-5 双坡式屋顶

（三）方位

猪舍布局必须满足日照、通风、防火和防疫等的要求，猪舍长轴以东西向±15°以内为最佳。每相邻两猪舍纵墙间距不低于10m，每相邻猪舍端墙间距不少于5m，猪舍距围墙不低于5m。

（四）舍内平面布置

根据不同猪舍特点，合理布置猪栏、走道和门窗；猪栏应沿猪舍长轴方向呈单列、双列或多列布置。猪舍两端和中间应设置横向通道，在猪舍一端设有值班室和饲料间。

（五）地面

地面要求坚固、耐用，渗水良好，保温性能好，有弹性，不硬也不滑，易于清洗和消毒，现在智能化猪场多采用水泥漏缝地板，漏缝地板可全覆盖地面，也可2/3覆盖地面。猪舍内应采用硬化地面，猪只躺卧、行走所接触区域应做防滑处理。地面应向粪尿沟处倾斜1%~3%，地面结实、易于冲刷，能耐受各种消毒剂的腐蚀。

（六）屋顶

采用机制瓦、双层彩钢，泡沫夹层厚度不低于10cm。密闭式猪舍屋顶配置无动力通风系统，分娩母猪舍、保育猪舍应吊顶。

（七）围护结构

能遮风避雨，保温隔热，内墙面要求耐酸碱腐蚀。耐火等级按照 GB50016 和 GBJ39 的要求设计。

（八）窗户

满足自然采光与自然通风要求，妊娠母猪和育成猪采光系数宜为（1∶12）~（1∶15），育肥猪宜为（1∶15）~（1∶20），其他猪群为（1∶10）~（1∶12）。窗户上沿高度距地面不小于 2.4m，下沿高度距地面宜为 1.2m。

（九）粪沟

沿舍内檐墙建设舍内粪沟，粪沟铺设漏缝地板，宽度宜为 0.6~1m，起始端深度不低于 0.3m，沿污水流动方向倾斜坡度宜为 1%~2%。产仔舍及保育舍内粪沟应配套产仔栏与保育栏建设"勺子"形粪沟。

二、猪栏

猪栏分为实体猪栏、栏珊式猪栏和综合猪栏 3 种形式。分娩母猪栏和保育猪栏采用珊栏式猪栏，其他猪栏采用实体猪栏。

（一）公猪栏

采用实体猪栏砖砌结构（厚 120mm，高 1 000~1 200mm）外抹水泥，或采用水泥预制构件（厚 50mm）组装而成。按每头饲养 1 头公猪设计，一般栏高 1.2~1.4m，占地面积 6~7m²。

（二）群养母猪栏

砖砌结构实体猪栏，按每栏 6~8 头，栏高 1.0m 左右，每头母猪所需面积 1.2~1.6m²。

（三）母猪分娩栏

采用栏珊式猪栏，主要由母猪限位架、仔猪围栏、仔猪保温箱和网床四部分组成。其中，母猪限位架长 2.0~2.3m，宽 0.6~0.7m，高 1.0m；仔猪围栏的长度与母猪限位架相同，宽 1.7~1.8m，高 0.5~0.6m；仔猪保温箱用水泥预制板、玻璃钢或其他具有高强的保温材料（图 1-6）。

图 1-6　母猪分娩栏

（四）保育栏

采用栏珊式猪栏，主要由围栏、自动食槽和网床3部分组成。按每头保育仔猪所需网床面积0.30～0.35m²，每栏20～30头设计，栏高为0.7m（图1-7）。

图1-7 保育栏

（五）生长栏和育肥栏

砖砌结构实体猪栏，栏内地面铺设局部漏缝地板，生长栏高0.9～0.9m，育肥栏高0.9～1.0m，生长猪栏按每头0.5～0.6m²计，育肥栏按每头0.8～1.0m²计，每栏按20～30头设计。

三、饲喂设备

（一）食槽

可采用自动食槽和限量食槽。

1. 自动食槽

加工材料主要是钢板、聚乙烯塑料、或水泥预制板拼装而成，有长方形、圆形等多种性状，一般采用长方形。长方形高度为700～900mm，前缘高度120～180mm，最大宽度为500～700mm，采食间隔对于保育猪、生长猪和育肥猪分别为150mm、200mm和250mm（图1-8）。

图1-8 自动水泥食槽

2. 限量食槽

常用水泥材料制造，高床网上饲养的母猪栏内使用金属材料制造。公猪用的限量食槽长度一般为500～800mm。群养母猪限量食槽长度根据它所负担猪的数量和每头猪所需要的采食长度（300～500mm）（图1－9）。

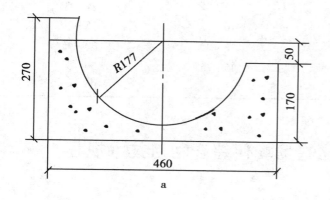
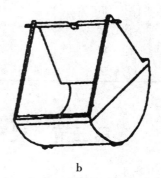

图1－9 限量食槽（单位：mm）

a. 水泥限量食槽断面结构；b. 铸铁限量食槽

3. 仔猪补料食槽（图1－10）

图1－10 仔猪补料槽

（二）饮水器

采用自动饮水器，有鸭嘴式、乳头式和杯式3种，目前大多采用鸭嘴式饮水器。在群养猪栏中，每个自动饮水器可负担15头猪饮水用；在单养猪栏中，每个栏内应安装一个自动饮水器。自动饮水器的安装高度，如表1－6，图1－11。

图1－11 自动饮水器

表1-6 自动饮水器安装高度 （cm）

猪群类别	鸭嘴式	杯式	乳头式
公 猪	55～65	25～30	80～85
母 猪	55～65	15～25	70～80
后备母猪	50～60	15～25	70～80
仔 猪	15～25	10～15	25～30
保育猪	30～40	15～20	30～45
生长猪	45～55	15～25	50～60
育肥猪	55～60	15～25	70～80

第三节　规模化猪场粪便综合利用技术规程

一、综合利用原则

粪便在无害化处理过程中不能造成二次污染，严禁对水源、土壤和空气造成污染。处理系统要有严格的防渗、防漏、防淋措施。处理后的产品必须符合相关标准后，才能进行土地利用或进行产品销售。

改变粪便的末端治理模式，实行清洁生产方式，对养猪业生产实行产前、产中、产后全过程控制，减少废弃物的排放和污染。

二、固体粪便的综合利用

（一）原理

采用高温好氧堆肥对畜禽粪便进行无害化处理。主要包括通气型堆肥、开放型堆肥发酵。

（二）场地选择

距养殖场较近、位于生产区、生活区下风向。

（三）设施

集粪房、预处理场（每千头存栏猪 $100～200m^2$）、机械化发酵槽（每千头存栏猪 $150m^2$）。

（四）设备

固液分离机、混合搅拌机、粉碎机、发酵槽用翻拌、输送机、装载机、有机-无机复混肥造粒机等。

（五）设施的建筑要求

（1）设施地基至少高出地面10cm，地基结实，防渗、防漏、防淋。车间内留有空地进行机械作业和检修。

（2）设施分区一般包括水分调节区、原料投入区、发酵区、破碎筛分区、制品暂时贮存区和设备存放区。各单位可根据自己的具体情况进行自行调整。

（3）集粪房应通风、透气。

（4）发酵槽的规格 60m×2m×1.8m，在槽内地面预装通风管道。

（六）工艺流程

1. 固体鲜猪粪的处理

（1）贮运。猪粪从养殖场运送至集粪房集中暂时存放，集粪房保持通风、透气，有利于水分的挥发。

（2）脱水。用固液分离机将猪粪脱水至含水量为 65%～75%，猪粪废液进入液体粪便处理程序。

（3）预处理。将猪粪、粉碎的秸秆、腐殖酸、腐熟剂按 60∶35∶5∶0.1 的质量比加入混合搅拌机充分搅拌后转移至发酵槽中。

（4）发酵。发酵至发酵槽内的物料表面下 20～30cm 处内温达到 45～55℃，通过鼓风机将空气鼓入发酵槽好氧发酵，用发酵槽专用翻拌、输送机每天翻拌一次，每次向后（或者向前）翻拌 6m，次日物料内温度可达到 70℃，共翻拌 10 次左右即可。发酵堆体温度和氧浓度测定按照 CJJ/T 52 的规定执行。

（5）出槽。将充分发酵、腐熟的有机肥通过皮带输送机输送至堆肥场进行二次堆放，堆放成堆高 2m 左右，2d 翻堆 1 次，共翻 5 次。

2. 堆肥腐熟度的判定

粪便充分腐熟后终止堆肥。堆肥腐熟度的判定标准为：

（1）堆肥后期温度自然下降；

（2）没有臭味，恶臭强度符合 GB 18596 的规定；

（3）堆肥呈白色或灰白色，堆肥产品呈现疏松的团粒结构；

（4）含水率降低到 30% 以下、C/N 为（15∶1）～（20∶1）；

（5）符合 GB 7959 的规定。

（七）堆肥的深加工

（1）将充分腐熟的堆肥粉碎、过筛，检验合格后灌装。

（2）将充分腐熟的堆肥粉碎、过筛然后再加入无机肥可用于生产有机—无机复混肥料。

三、液体粪便的综合利用

（一）原理

对于湿清粪工艺冲刷下来的粪浆首先用固液分离机进行固液分离，固体部分进行固体粪便处理程序，液体部分以及干清粪工艺冲洗得到的污水，排送至水解酸化池到厌氧消化池发酵生产沼气。

（二）预处理

预处理过程包括隔栅过滤、沉淀分离、固液分离等物理方法把液体粪便进行预处理。各养殖场可根据具体情况选择一种或几种方式进行预处理。

（三）设施与设备

沼气池的选址应符合方便、安全的原则。

沼气池应参照 GB/T 4750—2002 的要求设计，严格按照 GB/T 4752—2002 的规定施工。

（四）工艺流程

沼气池的使用符合 NY/T 90—1988 的规定。

（五）沼液的利用

（1）沼液可用农业生产、叶面肥的原料或者喂猪。

（2）沼气可作为养殖场加温以及职工、附近居民的生活能源（图 1 – 12）。

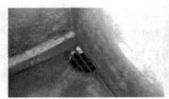

图 1 – 12 猪舍沼气：尿液入污产沼

第二章　舜皇山土猪的选育与杂交利用

第一节　舜皇山土猪种质特性与资源保护

一、舜皇山土猪形成的历史

（一）产地和分布

舜皇山土猪，学名"东安猪"，是属于沙子岭类地方猪种，因产于东安县舜皇山而得名。现产地范围为永州市冷水滩区、零陵区、东安县、双牌县、祁阳县5个县区现辖行政区域，位于东经110°10′~112°14′，北纬25°36′~26°52′。辖区范围祁阳县位于东经110°35′~112°14′，北纬26°02′~26°51′，零陵区位于东经110°10′~111°56′，北纬25°51′~26°26′，冷水滩区位于东经111°28′~111°47′，北纬26°15′~26°49′，东安县地处东经110°59′~111°34′，北纬26°07′~26°52′，双牌县位于东经110°24′~110°59′,北纬25°36′~26°10′。

（二）品种形成历史

据《永州府志》《零陵地区志》《东安县志》记载，舜皇山人祖祖辈辈喂养舜皇山土猪，距今至少有两千多年的历史。在商、周时代，当地养猪生产已很发达。这说明舜皇山土猪形成历史悠久，也是当地人们辛勤劳动和长期选育并与当地自然条件、经济条件相融合的产物。

二、舜皇山土猪的主要种质特性

（一）外貌特征

舜皇山土猪体型中等，活体猪毛色为两头乌，为"点头墨尾"，即头和臀部毛色为黑色，有晕，其他部分均为白色。少数猪躯干上有一、两块不定型的黑斑，称"腰花"或"点花猪"，占15%左右；尾尖毛色有黑白之分。典型外貌特征为"蝴蝶耳，短嘴头，筒子身，牛眼睛"。头短而宽，嘴筒齐，面微凹。耳中等大，形如蝶。额部有皱纹，背腰较平直。腹大但不拖地，臀部发育一般。四肢粗壮结实，后肢开张，乳房发育良好，乳头6~7对（图2-1）。

（二）繁殖力强

舜皇山土猪性成熟早，奶头多，产仔多，在较低饲养水平条件下，仍能保持良好的繁殖性能。小公猪30日龄既有爬跨行为，56~60日龄能伸出阴茎，100日龄已有配种

图 2 - 1   典型舜皇山土猪外貌形状

能力，5 月龄可正式配种；小母猪第一次发情的时间平均为 106d，最早 71d，初产母猪排卵数 10.25 个，经产母猪平均排卵数 19 个，小母猪 120 日龄可配种受胎。母猪奶头 14 ~ 16 个，最多 18 个，最少 10 个。初产母猪窝产仔数 8.62 头，经产母猪 12.39 头，初生窝重 10.6kg，断奶窝重 146.79kg。

（三）生产性能

成年公猪体重（106.80 ± 5.54）kg，体长（132.00 ± 4.00）cm，胸围（109.30 ± 2.22）cm，体高（74.30 ± 0.67）cm；成年母猪相应为：（117.0 ± 1.52）kg，（125.3 ± 0.35）cm，（118.8 ± 0.67）cm，（66.5 ± 0.28）cm。

（四）耐粗饲

舜皇山土猪适应性强，耐粗饲，具有较强的耐寒耐热能力，适应我国南方亚热带气候。在日粮粗纤维含量 15.3% 情况下，日增重 429g，料肉比 4.42：1。

（五）肉质好

猪肉从外观看，肉色红润，大理石纹丰富，纹路精致细腻，熟肉率较高（72.29% ~ 73.62%），失水率较低（10.87% ~ 11.77%），贮存损失较少（2.05% ~ 2.53%），无 PSE、DFD 肉。从肉品营养测定分析，肌肉中粗蛋白质含量 22.45% ~ 23.08%，肉质中风味氨基酸（Asp、Ser、Glu、Ala、Val、Ile、Leu、Lys、Arg、Pro 等）高达 25.68%；肌间脂肪高达 3.5%，为肌间脂肪含量口感最佳比例（3% ~ 5%）的中心水平。因此，舜皇山猪肉品细嫩多汁，品后唇齿留香，回味无穷。

（六）瘦肉率高

舜皇山土猪育肥性能早熟，74kg 屠宰，屠宰率 72.32%，眼肌面积 22.27cm²、后腿比例 26.00%，瘦肉率 42.71%；88kg 屠宰，屠宰率 70.67%、眼肌面积 22.90cm²、后腿比例 27.00%，瘦肉率 41.05%（图 2 - 2、图 2 - 3）。

三、种质资源保护

（一）保种目标

保种群经过 20 个世代的保种繁衍，仍保持品种固有的特征特性，基因频率平衡，第 20 世代的近交系数在 10% 以下，测定各世代猪群头部黑斑表型比，P > 0.05，差异

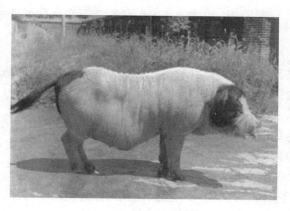

图 2-2 舜皇山公猪

图 2-3 舜皇山母猪

不显著；测定各世代繁殖性能、育肥性能，P > 0.05，差异不显著。

（二）保种群规模

采取集中与分散保种相结合的方式，从经济和技术两方面考虑，保种场保种核心群规模为 60 头，其中，公猪 10 个血统 10 头，母猪 50 头；保护东安、冷水滩各设一个，每个保护区保存种猪 100~200 头。

（三）保种技术措施

1. 组建保种核心群

保种核心群的公母比为 1 : 5，群的大小为 60 头，其中，公猪 10 头，母猪 50 头，群体有效含量（Ne）为 50。根据实际情况，保种群的规模可适当增大，保种群公猪最好为 12~15 头。

2. 留种交配

保种群的选留方式采取各各家系等数留种法。各家系每系代等量选留优秀个体，即"一公留一仔"、"一母留一女"。为了使保种群基因频率和基因型频率保持平衡，母猪采用避开全同胞的等量分组，公猪随机与某组母猪交配。保种群每代选留 10 头公猪、50 头母猪，一头公猪只配 5 头母猪。保种区饲养的保种母猪配种，母猪按农户建档分组，要求组间无血缘关系，为了防止无计划的乱配，保种区内的非保种公猪及时去势。

3. 世代间隔

保种群的世代间隔以其通常利用年限 5 年为一个世代间隔期，在世代间隔期内每年按相同的留种方案进行一次保种配种和继代留子。每年的继代仔猪经过后备阶段饲养到下一年的继代仔猪选留后，即可移作生产用猪。

4. 防止近交与保种群的非保种利用

保种群应尽量避免近亲交配，保种群的每个世代为 5 年，除每年按保种方案纯繁一胎外；另一胎进行杂交配种，生产杂交仔猪育肥，减少保种费用。

第二节　舜皇山土猪杂交利用

一、杂交利用

利用舜皇山土猪地方品种资源，与国外的巴克夏、汉普夏品种进行二元杂交，舜皇山土猪与巴东猪、汉东猪的肉色、大理石纹、pH 值基本一致，均处于正常范围，肉质、口感也与舜皇山土猪基本一致，胴体质量均无明显差异。但舜皇山土猪在肌肉保水性、贮存性、肌内脂肪沉积方面优于巴东猪，更优于汉东猪。

二、新品种的培育

利用舜皇山土猪基因资源与引进品种资源（杜洛克、大约克），采用生物技术结合常规育种技术培育新品种，开发舜皇山土猪配套系选育。

第三节　舜皇山土猪的选择与引种

一、舜皇山土猪猪种选择的基本要求

（一）种猪应符合舜皇山土猪品种特征，系谱记录完整，个体标识清楚

系谱信息应登记个体的父母代、祖代及曾祖代三代。个体标识采用电子耳标或剪耳缺的方式，个体编号的基本原则是体现唯一性，实行全国统一的 15 位编号系统。其中，品种编码只用两个字母，采用中文名称头两个字的第一个汉语拼音字母组合。个体标识登记信息符合农业部《地方猪品种登记实施细则》要求的完整详细信息。

（二）种猪生产性能测定

按照农业 NY/T822 执行。

1. 测定的基本条件与要求

采用现场测定，现场测定应符合以下条件：

——测定猪的营养水平和饲料种类应相对稳定，符合饲料卫生要求；

——测定猪的栏舍、运动场、光照、饮水和卫生等条件应基本一致；

——保证充足的洁净饮水、适宜的温度和湿度；

——测定猪应健康、无重大疾病。

2. 测定猪的选择

测定猪的选择应符合以下条件：

——标识清楚，有 3 代以上的完整系谱档案，品种特征符合品种要求；

——应该生长发育正常，健康状况良好，同窝无遗传缺陷，测定前应检疫并免疫、驱虫；

——应采用窝选与个体选择并重的方式选择 60 ~ 70 日龄，体重 20 ~ 23kg 的个体。

3. 测定性状与方法

（1）测定指标。

30 ~ 100kg 平均日增重（ADG，g）、活体背膘厚（BF，mm）、饲料转化率（FCR）、眼肌面积（LMA，cm^2）、后退比例（%）、胴体瘦肉率（%）、肌肉 pH 值、肌肉颜色、滴水损失（%）、肌内脂肪含量（%）。

（2）测定方法。

——测定前重新打上耳标，测定员应进行系谱资料、健康检查合格证、血清学抗体检验结果和场地检疫证明等资料检查；

——隔离观察 2 周后进行测定，隔离观察结束后进入测定栏，转入测定期；在隔离期和测定期均自由采食，单栏饲养，或群体饲养；

——个体重达 27 ~ 33kg 开始测定，至 85 ~ 105kg 时结束。定时称重，同时记录称重日期、重量，每天记录饲料耗料量，计算 30 ~ 100kg 平均日增重和饲料转化率。30 ~ 100kg 平均日增重校正方法如下：

$$30 ~ 100kg 平均日增重 = \left[\frac{70 \times 100}{校正达 100kg 日龄（d） - 校正达 30kg 日龄（d）} \right]$$

校正达 30kg 日龄（d）= 实测日龄（d）+［30 - 实测体重（kg）］× b。其中，b = 1.475。

$$校正达 100kg 日龄（d）= 实测日龄（d）- \frac{实测体重（kg） - 100}{CF}$$

$$CF = \frac{实测体重（kg）}{实测日龄（d）} \times 1.826040（公猪）或 = \left[\frac{实测体重（kg）}{实测日龄（d）} \right] \times 1.714615（母猪）$$

——终测时进行活体背膘厚测定。采用 B 超测定倒数第三至第四肋左侧距背中线 5cm 处背膘厚。校正 100kg 体重背膘厚（cm）= 实测背膘厚（cm）× CF。其中，

$$CF = \frac{A}{A + B + ［实测体重（kg） - 100］}$$

——测定眼肌面积：活体可利用 B 超扫描倒数第三至第四肋间部位的眼肌面积；屠宰时，将左侧胴体倒数第三至第四肋处的眼肌垂直切断，用硫酸纸绘出横断面的轮廓，用求积仪计算面积；也可用游标卡尺度量眼肌的最大高度和宽度，计算公式如下：

眼肌面积（cm^2）= 眼肌高（cm）× 眼肌宽（cm）× 0.7，校正公式如下：

眼肌面积（cm^2）= 实测眼肌面积（cm^2）+

$$\frac{[100 - 实际体重（kg）] \times 实际眼肌面积（cm^2）}{实测体重（kg）} + 70$$

——测定后退比例：在屠宰测定时，将后肢向后成行状态下，沿腰荐结合处的垂直切线切下的后腿重量占整体胴体重量比。后腿比例（%）= $\frac{后腿重量（kg）}{胴体重量（kg）} \times 100$

——胴体瘦肉率测定：取左半胴体除去板油及肾脏后，将其分为前、中、后三躯。前躯与中躯以 6 至 7 肋间为界垂直切下，后躯从腰椎与荐椎处垂直切下。将各躯皮脂、骨与瘦肉分离开来，并分别称重。分离时，肌间脂肪算做瘦肉不另剔除，皮脂算做肥肉亦不另剔除。计算公式如下：

$$胴体瘦肉率（\%）= \frac{瘦肉重（kg）}{皮脂重（kg）+ 骨重（kg）+ 瘦肉重（kg）} \times 100$$

——肌肉 pH 值测定：在屠宰后 45～60min 内测定。采用 pH 值计，将探头插入倒数第三至第四肋处的眼肌内，待读数稳定 5s 以上，记录 pH 值 1，将肉样保存在 4℃ 冰箱中 24h 后测定，记录 pH 值 24。

——肌肉颜色测定：在屠宰后 45～60min 测定，以倒数第三至第四肋间眼肌横切面用色值仪或比色板进行测定。

——滴水损失测定：在屠宰后 45～60min 取样，切取倒数第三至第四肋间眼肌，将肉样切成 2cm 厚的肉片，修成长 5cm、宽 3cm 的长条，称重。用细铁丝钩住肉条的一端，使肌纤维垂直向下，悬挂于塑料袋中（肉样不得与塑料袋壁接触），扎紧袋口后，吊挂于冰箱内，在 4℃ 条件下保持 24h，取出肉条称重。按以下公式计算：滴水损失

（%）= $\frac{吊挂前肉条重（kg）- 吊挂后肉条重（kg）}{吊挂前肉条重（kg）} \times 100$

——肌内脂肪含量测定：在倒数第三至第四肋间处眼肌切取 300～500g 肉样，采用素氏抽提法进行测定。

4. 遗传评定

用动物模型 BLUP 法估计个体育种值（EBV）或综合选择指数进行遗传评定。

二、猪种的引进

（一）制订引种计划

必须引进猪种时，猪场应该结合自身的实际情况，根据种群更新计划，确定所需品种和数量，有选择性地购进能提高本场种猪某种性能、满足自身要求，并与自己的猪群健康状况相同的优良个体，如果是加入核心群进行育种的，则应购买经过生产性能测定的种公猪或种母猪。新建猪场从所建猪场的生产规模、产品市场和猪场未来发展的方向等方面进行计划，确定引进种猪的数量、品种和级别。在引进前应调查产地是否为非疫区，并有产地检疫证明，不得从疫区引进种猪。

（二）引入品种要注意个体选择

在选择个体时，除注意舜皇山土猪品种的特征外，还要进行系谱审查，要求供种场提供该场免疫程序及所购买的种猪免疫接种情况，并注明各种疫苗注射的日期。种公猪

最好能经测定后出售，并附测定资料和种猪三代系谱。注意亲本或同胞间生产性能的表现、遗传疾病和血缘关系等。特别是引进公猪应当没有血缘关系，否则易导致近亲繁殖，给生产上带来不良后果。

（三）严格执行隔离观察制度

引种时，应切实做好检疫工作，严格执行隔离观察制度。引种时要确认引种地无重大的疫病发生，并向当地县级以上动物防疫部门出具证明书；引进的种猪，至少隔离饲养 30 天，在此期间进行观察、检疫，经兽医检查，检查确定为健康合格后，才可混群饲养。种畜禽调运检疫技术规范主要有以下几方面的内容。

1. 调出种畜禽起运前的检疫

调出种畜禽于起运前 15～30d 在原种畜禽场或隔离场进行检疫。调查了解该畜禽场近 6 个月内的疫情情况，若发现有一类传染病及炭疽、布鲁氏菌病、猪密螺旋体痢疾的疫情时，停止调运易感畜禽。查看调出种畜禽的档案和预防接种记录，然后进行群体和个体检疫，并作详细记录。群体检疫和个体检疫按 GB 16549 执行。应作临床检查和实验室检验的疫病有口蹄疫、猪瘟、猪水疱病、猪支原体肺炎、猪密螺旋体病。经检查确定为健康动物者，发给"健康合格证"，准予起运。

2. 种畜禽运输时的检疫

种畜禽装运时，当地畜禽检疫部门应派员到现场进行监督检查。运载种畜禽的车辆、船舶、机舱以及饲养用具等必须在装货前进行清扫、洗刷和消毒；经当地畜禽检疫部门检查合格，发给运输检疫证明。运输途中，不准在疫区车站、港口、机场装填草料、饮水和有关物资。运输途中，押运原应经常观察种畜禽的健康状况，发现异常及时与当地畜禽检疫部门联系，按有关规定处理。

3. 种畜禽到达目的地后的检疫

种畜禽到场后，根据检疫需要，在隔离场观察 15～30d。在隔离观察期间，须进行群体检疫、个体检疫、临床检查和实验室检验的检疫。经检疫确定为健康动物后，方可供繁殖，生产使用。

（四）妥善安排运输

为使引入猪种安全到达目的地，防止意外事故发生，运输时要准备充足的饲料，尤其是青绿饲料。夏天做好防暑降温工作，冬天注意防寒保暖。种猪在装运及运输过程中没有接触过其他偶蹄动物，运输车辆应做过彻底清洗消毒。

（五）种猪到场后的饲养管理

（1）新引进的种猪，应先饲养在隔离舍，而不能直接转进猪场生产区，因为这样做极可能带来新的疫病，或者由不同菌株引发相同疾病。

（2）种猪到达目的地后，立即对装猪台、车辆、猪体及卸车周围地面进行消毒，然后将种猪卸下，按大小、公母进行分群饲养，有损伤、脱肛等情况的种猪应立即隔开单栏饲养，并及时治疗处理。

（3）先给各猪提供饮水，休息 6～12h 后方可供给少量饲料，第二天开始可逐渐增加饲喂量，5d 后才能恢复正常饲喂量。种猪到场后的前二周，由于疲劳加上环境的变化，机体对疫病的抵抗力会降低，饲养管理上应注意尽量减少应激，可在饲料中添加抗生素（可用泰妙菌素 50mg/kg、金霉素 150mg/kg）和多种维生素，使种猪尽快恢复正常状态。

（4）隔离与观察：种猪到场后必须在隔离舍隔离饲养 30～45d，严格检疫。特别是对布氏杆菌、伪狂犬病（PR）等疫病要特别重视，须采血经有关兽医检疫部门检测，确认为没有细菌感染阳性和病毒野毒感染，并监测猪瘟、口蹄疫等抗体情况。

（5）种猪到场一周开始，应按本场的免疫程序接种猪瘟等各类疫苗，7 月龄的后备猪在此期间可做一些引起繁殖障碍疾病的防疫注射，如细小病毒病、乙型脑炎疫苗等。

（6）种猪在隔离期内，接种完各种疫苗后，进行一次全面驱虫、可使用多拉霉素（如辉瑞"通灭"）或长效伊维菌素等广谱驱虫剂按皮下注射进行驱虫，使其能充分发挥生长潜能。隔离期结束后，对该批种猪进行体表消毒，再转入生区投入下常生产。

（六）进行引种试验及观察

判断引入品种价值高低的最可靠办法，就是进行引种试验。先引入少量个体，进行观察，经证明该品种既有良好的经济价值和种用价值，又能适应当地的自然条件后，再大规模进行引种（图 2－4）。

图 2－4　舜皇山杂交商品土猪

第三章　舜皇山土猪的营养需要与饲料配制

第一节　舜皇山土猪的营养需要及饲养标准

一、营养需要

（一）种公猪的营养需要

配种公猪营养需要包括维持、配种活动、精液生成和自身生长发育需要。所需主要营养包括能量、蛋白质（实质是氨基酸）、矿物质、维生素等。各种营养物质的需要量应根据其品种、类型、体重、生产情况而定。

1. 能量需要

成年公猪（体重 120~150kg）每天在非配种期的消化能需要量为 25.1~31.3MJ，配种期消化能需要量为 32.4~38.9MJ。青年公猪由于自身尚未完成生长发育，还需要一定营养物质供自身继续生长发育，能量需要应参照其标准上限值。对于后备公猪而言，日粮中能量不足，将会影响睾丸和其他性器官的发育，导致后备公猪体型小、瘦弱、性成熟延缓。从而增加种猪饲养成本，缩短公猪使用年限，并且导致射精量减少、本交配种体力不支、性欲下降、不爱运动等不良后果；但能量过高同样影响后备公猪性欲和精液产生数量，后备公猪过于肥胖、体质下降，行动懒惰，影响将来配种能力。

2. 蛋白质、氨基酸需要

公猪饲粮中蛋白质数量和质量、氨基酸水平直接影响公猪的性成熟、身体素质和精液品质。对成年公猪来说，蛋白质水平一般以 14% 左右为宜，不要过高和过低。过低会影响其精液中精子的密度和品质，过高不仅增加饲料成本，浪费蛋白质资源，而且多余蛋白质会转化成脂肪沉积体内，使得公猪体况偏胖影响配种，同时，也增加了肝肾负担。在考虑蛋白质数量同时，还应注重蛋白质质量，换句话说是考虑一些必需氨基酸的平衡，特别是玉米—豆粕型日粮，赖氨酸、蛋氨酸、色氨酸尤为重要。

3. 矿物质需要

矿物质对公猪精子产生和体质健康影响较大。长期缺钙会造成精子发育不全，活力降低；长期缺磷会使公猪生殖机能衰退；缺锌造成睾丸发育不良而影响精子生成；缺锰可使公猪精子畸形率增加；缺硒会使精液品质下降，睾丸萎缩退化。现在公猪多实行封闭饲养，接触不到土壤和青饲料，容易造成一些矿物质缺乏，应注意添加相应的矿物质饲料。美国 NRC（1998）建议，公猪日粮中钙为 0.75%，总磷 0.60%，有效磷 0.35%。其他矿物质应参照美国 NRC（1998）标准酌情添加。

4. 维生素需要

维生素营养对于种公猪也十分重要，在封闭饲养条件下更应注意维生素添加，否则，容易导致维生素缺乏症。日粮中长期缺乏维生素 A 会导致青年公猪性成熟延迟、睾丸变小、睾丸上皮细胞变性和退化，降低精子密度和质量。但维生素 A 过量时可出现被毛粗糙、鳞状皮肤、过度兴奋、触摸敏感、蹄周围裂纹处出血、血尿、血粪、腿失控不能站立及周期性震颤等中毒症状。日粮中维生素 D 缺乏会降低公猪对钙、磷的吸收，间接影响公猪睾丸产生精子和配种性能。公猪日粮中长期缺乏维生素 E 会导致成年公猪睾丸退化，永久性丧失生育能力。其他维生素也在一定程度上直接或间接地影响着公猪的健康和种用价值，如 B 族维生素缺乏，会出现食欲下降，皮肤粗糙被毛无光泽等不良后果，因此，应根据饲养标准酌情加大添加量，满足其需求。NRC 提供的数据，只是一般情况下最低必需量，在实际生产中可酌情增加。一般维生素添加量应是标准的 2 ~ 5 倍。

5. 水的需要

除了上述各种营养物质外，水也是公猪不可缺少的营养物质，如果公猪缺水将会导致食欲下降、体内离子平衡紊乱、其他各种营养物质不能很好地消化吸收，甚至影响健康发生疾病。因此，必须按其日粮 3 ~ 4 倍量提供清洁、卫生、爽口的饮水。

（二）母猪配种前营养需要

母猪空怀时间较短，往往参照妊娠母猪饲养标准进行饲粮配合和饲养。而后备母猪由初情期至初次配种时间一般为 21 ~ 42d，不仅时间长而且自身尚未发育成熟，如果营养供给把握不好，就会影响将来身体健康和终生繁殖性能，因此，后备母猪应按后备母猪饲养标准进行饲粮配合和饲养。总体原则是，后备母猪饲粮在蛋白质、氨基酸、主要矿物质供给水平上，应略高于经产母猪，以满足其自身发育和繁殖的需要（表 3 - 1）。营养物质需要量参照美国 NRC（1998）标准，酌情执行。

表 3 - 1　后备母猪、经产母猪饲粮中主要营养物质含量

类别	能量（MJ/kg）	蛋白质（%）	钙（%）	磷（%）	赖氨酸（%）
后备母猪	14.21	14 ~ 16	0.95	0.80	0.70
经产母猪	14.21	12 ~ 13	0.75	0.60	0.50 ~ 0.55

1. 能量需要

能量水平与后备母猪初情期关系密切。一般情况下，能量水平偏高可使后备母猪初情期提前，体重增大；能量水平低，后备母猪生长缓慢，初情期延迟；但能量水平过高，后备母猪体况偏胖，抑制初情期或造成繁障碍，不利于发情配种，导致母猪配种受胎率低，增加母猪淘汰率。对于经产母猪能量水平过高或过低同样影响其发情排卵，能量水平过低使母猪在仔猪断奶后发情时间间隔变长或者不发情；过高能量水平母猪同样不发情或排卵少，卵子质量不好，甚至不孕。因此，后备母猪日供给消化能应为 35.52MJ，经产母猪为 28.42MJ。

2. 蛋白质、氨基酸需要

后备母猪的蛋白质水平、氨基酸的含量均高于经产母猪。如果后备母猪蛋白质、氨基酸供给不足，会延迟初情期到来，因此，建议后备母猪粗蛋白质为 14% ~ 16%，赖氨酸 0.7% 左右。经产母猪蛋白质、氨基酸不足，同样影响母猪的发情和排卵，建议经产母猪的粗蛋白质为 12% ~ 13%，赖氨酸 0.50% ~ 0.55%。

3. 矿物质需要

经产母猪泌乳期间会有大量的矿物质损失，此时身体中矿物质出现暂时性亏损，如果不及时补充，将会影响母猪身体健康和继续繁殖使用；后备母猪正在进行营养蓄积，为将来繁殖泌乳打基础，如果供给不科学同样会影响身体健康和终生的生产性能。后备母猪饲粮中的钙为 0.95%，总磷为 0.80%；经产母猪饲粮中钙为 0.75%，总磷为 0.60%。后备母猪钙、磷、赖氨酸的含量均应高于经产母猪，如果后备母猪钙、磷摄入不足会对骨骼生长起到一定的限制，会增加肢蹄病的发生等。母猪缺乏碘、锰时，会出现生殖器官发育受阻、发情异常或不发情。

4. 维生素需要

维生素使用与否或使用数量，将直接关系到母猪繁殖和健康，母猪有贮存维生素 A 的能力，它可以维持 3 次妊娠，在此以后如不及时补给，母猪会出现泛青、行动困难、后退交叉、斜颈、痉挛等，严重时影响胚胎生长发育。母猪缺乏维生素 E 和硒时，造成发情困难。缺乏维生素 B_1、维生素 B_2、泛酸、胆碱时会出现不发情、假妊娠、受胎率低等。其他维生素虽然不直接影响母猪发情排卵，但会使母猪健康受到影响，最终影响生产。

5. 水的需要

由于配种前母猪饲粮中粗纤维含量往往较高，所以，需要水较多，一般为日粮的 4 ~ 5 倍，即每日每头 12 ~ 15L，饮水不足将会影响母猪健康和生产。因此，要求常备清洁、卫生的饮水。

（三）妊娠母猪营养需要

妊娠母猪营养需要应根据母猪品种、年龄、体重、胎次有所不同。

1. 能量需要

推荐的妊娠母猪消化能为 25.56 ~ 27.84MJ/d。妊娠母猪能量供给过多会影响母猪繁殖成绩和将来的泌乳，乃至整个生产。过高的能量水平会降低胚胎的存活，配种后 4 ~ 6 周胚胎的存活率为 67% ~ 74%，而低能量日粮 [ME20.90MJ/（d·头）] 存活率 77% ~ 80%。合理掌握妊娠母猪营养水平，控制母猪妊娠期间增重比较重要，从而以最经济饲养水平饲养妊娠母猪，得到最佳的生产效果（表 3 - 2）。

表 3 - 2 妊娠母猪不同饲养水平对体重的影响

饲养水平 （100kg）	配种体重 （kg）	产后体重 （kg）	妊娠期增重 （kg）	断奶时体重 （kg）	哺乳期失重 （kg）	总净增重 （kg）
高 1.8kg/d	230.2	284.1	53.9	235.8	48.3	+ 5.6
低 0.87kg/d	229.7	249.8	20.1	242.2	7.4	+ 12.7

2. 蛋白质、氨基酸需要

蛋白质和氨基酸水平略低对母猪的产仔数、仔猪初生重和仔猪将来的生长发育影响不大，但蛋白质水平过低时将会影响母猪产仔数和仔猪初生重，妊娠母猪可以利用蛋白质和氨基酸储备来满足胚胎生长和发育。为了使母猪正常进行繁殖泌乳，并且身体不受损，保证正常产仔 7 ~ 8 胎，NRC（1998）建议，妊娠母猪粗蛋白质水平为 12% ~ 12.9%。玉米—麸子—豆粕型日粮，赖氨酸是第一限制性氨基酸，在配制日粮时不容忽视，不要片面强调蛋白质水平，导致母猪各种氨基酸真正摄取量很少，不能满足妊娠生产的需要。

3. 矿物质需要

矿物质对妊娠母猪的身体健康和胚胎生长发育影响较大。前面已提到过无论是常量元素还是微量元素，缺乏的后果是母猪繁殖障碍，具体表现：发情排卵异常，母猪流产，畸形和死胎增加。现代养猪生产，母猪生产水平较高，窝产仔 10 ~ 12 头，初生重 1.2 ~ 1.7kg，年产仔 2 ~ 2.5 窝。封闭式猪舍，应注意矿物质饲料的使用。推荐钙 0.75%，总磷 0.60%，有效磷 0.35%。氯化钠 0.35% 左右。

4. 维生素需要

妊娠母猪对维生素的需要有 13 种，日粮中缺乏将会出现母猪繁殖障碍乃至终生不育，现推荐 NRC（1998）妊娠母猪维生素需要量，配合饲粮时可酌情添加。

5. 水的需要

妊娠母猪日粮量虽较少，但为了防止饥饿增加饱腹感，粗纤维含量相对较高，一般为 8% ~ 12%，所以，对水的需要量较多，一般每头妊娠母猪日需要饮水 12 ~ 15L。供水不足往往导致母猪便秘，老龄母猪会引发脱肛等不良后果。

（四）泌乳母猪营养需要

1. 能量需要

泌乳母猪能量需要取决于很多因素。①妊娠期间营养水平决定了母猪开始泌乳时的体能储备和泌乳期间的采食量和体重变化，从而影响母猪的能量需要。②泌乳期间体重损失整个繁殖周期的体重变化也有重要影响。母猪的体能很容易被动员，使泌乳的实际能量需要量降低。③母猪食欲影响采食量，进而影响能量摄入量。母猪食欲取决于妊娠期间体况、环境温度。母猪妊娠期间过于肥胖、环境温度偏高导致母猪食欲不好（表 3 - 3），同时饲料的类型和适口性、饲养方式等也会影响母猪采食量，最终影响能量摄入量。④产仔数、仔猪体重、生活力等均能影响能量需要。母猪产仔数多、仔猪窝重大、仔猪生活力强等将会使母猪能量需要增加。⑤哺乳期长短既影响母猪的总泌乳量，又影响母猪的哺乳期体重损失。能量平衡状况影响着饲料能的转化率，当母猪保持能量正平衡时，饲料能转化为乳能的效率为 32%；而负平衡时为 48%。

表 3 - 3　环境温度对母猪采食量、体重损失和仔猪体重的影响

项　　目	试验 1		试验 2	
环境温度（℃）	27	21	27	16

（续表）

项　　目	试验1		试验2	
母猪头数（头）	20	20	16	16
母猪日采食量（kg）	4.6	5.2	4.2	5.6
母猪体重损失（kg）	21	13.5	22	13
仔猪28日龄体重（kg）	6.2	7.0	6.4	7.3

泌乳母猪的能量需要可用析因方法来分析，估计其能值时应考虑到维持需要、泌乳需要和泌乳期间体重损失所需的能量等。建议泌乳母猪每天维持能量需要量（MEm）为443kJ/kgBW0.75（代谢体重）或460kJ/kgBW0.75（表3-4）。

表3-4　泌乳期不同阶段的能量需要量计算值

项目	泌乳周期	
	第1、2周	第3、4周
泌乳量（kg/d）	5.8	7.15
乳能含量（MJ/d）①	26.22	32.22
饲料需要量（kg/d）②	6.6	8.15

注：①假定含能4.52MJ/kg。②假定含消化能12.55 MJ/kg

泌乳的能量需要取决于泌乳量、乳能含量和饲料转化率。产乳量则因品种、带仔头数、泌乳阶段、营养水平、环境条件的不同而异。乳的能量含量一般为5.2~5.3MJ/kg。母猪在泌乳期间（3~5周）的体重损失为9~15kg，体重损失的主要成分为脂肪，而脂肪的能量含量为39.4MJ/kg。由此可计算出整个泌乳期间的体重损失所需总能量。利用上述析因法确定不同泌乳母猪能量需要的数值列入表3-5，作为泌乳母猪能量需要量的析因估计。

表3-5　哺乳母猪能量需要量的析因估计

哺乳阶段（周）	体重（kg）	MEm MJ/d	泌乳量（kg/d）	泌乳需要（ME，MJ/d）	失重（kg/d）	失重能值（ME，MJ/d）	总ME需要（MJ/d）
1	159.1	19.7	5.1	40.8	0.13	6.2	54.3
2	157.8	19.5	6.5	52	0.18	8.3	63.2
3	156.4	19.4	7.1	56.8	0.2	9.5	66.7
4	154.9	19.3	7.2	57.6	0.21	9.5	67.4
5	153.5	19.1	7	56	0.21	9.5	65.6
6	152.2	19	6.6	52.8	0.18	8.3	63.5
7	151	18.9	5.7	45.6	0.18	8.3	56.2
8	150	18.8	4.9	39.2	0.14	6.6	51.4

NRC（1998）提供的青年泌乳母猪和成年泌乳母猪每天能量和饲料需要量，见表 3 – 6。

表 3 – 6　青年哺乳母猪和成年泌乳母猪每天能量和饲料需要量 NRC（1998）

采食和生产水平	分娩后哺乳母猪体重（kg）		
	145	165	185
产奶量（kg）	5	6.25	7.5
能量需要量（DE，MJ/kg）			
维持[①]	18.8	20.9	23
产奶[②]	41.8	52.3	62.8
总数	60.6	73.2	85.8
饲料需要量（kg/d）[③]	4.4	5.3	6.1

注：①每天维持需要量（DE）是 460KJ/kg0.75；②产奶需要量（DE）8.4MJ/kg；③每天饲料需要量（DE）依据含 13.97MJ/kg

2. 蛋白质、氨基酸的需要

除保证泌乳母猪能量需要外，还需要蛋白质、氨基酸的充足供给。泌乳母猪的蛋白质、氨基酸需要量同样分为维持需要和泌乳需要两个部分。一般可消化粗蛋白为 86 ~ 90g/d。NRC（1998）推荐泌乳母猪每日真回肠可消化赖氨酸量为每千克代谢体重 36mg。泌乳蛋白质需要量，应根据母猪日平均泌乳量和乳中蛋白质含量来计算。日粮粗蛋白质消化率为 80%，则日粮提供蛋白质为 1 012g。对泌乳所需赖氨酸，NRC（1998）推荐量为每千克窝增重需 22g 表观回肠可消化赖氨酸。

3. 矿物质需要

猪乳中含有 l% 左右的矿物质，其中，钙 0.21%，磷 0.15%，钙磷比为 1.4∶1。日粮中钙、磷不足或比例不当，一方面影响母猪泌乳量，影响仔猪生长发育；另一方面影响母猪的身体健康，出现瘫痪、骨折等不良后果。推荐的钙、磷供给量为钙 0.75%、总磷 0.60%、有效磷 0.35%，同时，要求泌乳母猪日粮至少为 4 ~ 5kg，如果日粮低于这个数字，应酌情增加日粮中钙、磷的浓度，使母猪日采食钙至少 40g，磷至少 31g，从而保证母猪既能正常发挥泌乳潜力，哺乳好仔猪，又不会使自身健康受到影响，减少母猪计划外淘汰率，提高养猪生产经济效益。

泌乳母猪日粮中食盐的含量应为 0.5%（NRC，1998），夏季气候炎热，舍内无降温设施，母猪食欲减低时，可添加到 0.6% 左右。增加盐的前提条件，必须保证清洁、卫生、爽口的饮水。

4. 维生素需要

猪乳中维生素的含量取决于日粮中维生素的水平，因此，应根据饲养标准添加各种维生素。但是饲养标准中推荐的维生素需要，只是最低数值，实际生产中的添加量往往是饲养标准的 2 ~ 5 倍。特别是维生素 A、维生素 D、维生素 E、生物素、维生素 B_2、维生素 B_6、叶酸，对于高生产水平和处于封闭饲养的泌乳母猪格外重要。

5. 水的需要

猪乳中含有 80% 左右的水，饮水不足会使母猪泌乳量下降，甚至影响母猪身体健康。泌乳母猪每日饮水量为其日粮量的 4～5 倍，同时要保证饮水的质量，要求饮水清洁、卫生、爽口。

（五）哺乳仔猪营养需要

1. 能量需要

哺乳仔猪所需能量有两个来源，一个是母乳；另一个是仔猪料，这就给日粮能量需要的数据带来了难题，每头母猪泌乳量及乳质不同，每日提供的能量就不同，因此，只能按仔猪生长速度来考虑其能量供给问题。当日粮中提供的能量水平高出维持需要时，剩余的那部分能量将用于生长，所以说在一定蛋白质、氨基酸、矿物质、维生素和水充足的情况下，能量水平决定仔猪的生长速度。至于维持需要所需能量营养专家们已推导出一个公式，即：

$$维持需要能量 = aW0.75$$

a 值随体重增加而下降。按照能量存积量对能量采食量的回归关系估计的。a 值如下：

体重（kg）	1	2.5～3.5	4～12
a 值（kJ/d）	637	573	544

分析仔猪生长所需能量时，应考虑 N 沉积、脂肪沉积、骨骼、皮肤等组织的增长。沉积 1kg 蛋白质需要 DE 52.72MJ。沉积 1kg 脂肪需要 DE 52.3MJ。其他组织的增长所需能量不多，一般只需要 DE14.2MJ。仔猪在不断的生长发育，其维持能量需要和生长能量需要也在不断变化，不可能每日逐头称重后再去饲喂所需要的能量。实际生产中只能根据体重和预期的增重值考虑能量供给，推荐 3～5kg 阶段生长猪日粮中消化能含量为 14.21MJ/kg，日采食量 250g，摄取消化能 3 553KJ。摄取这些能量预期日增重为 250g 左右。5～10kg 阶段要求日粮中消化能含量仍为 14.21MJ/kg。日采食量 500g，日摄取消化能 7.10MJ。期望日增重 450g 左右。

2. 蛋白质、氨基酸的需要

要想使哺乳仔猪健康迅速的生长发育，第一要保证能量需求，第二是保障蛋白质、氨基酸的供给，不同的品种、年龄、体重阶段，不同的生产水平对蛋白质氨基酸需求有差异，建议为 3～5kg 阶段粗蛋白质为 26%，赖氨酸 1.5%；5～10kg 阶段，粗蛋白质为 23.7%，赖氨酸 1.35%。

3. 矿物质需要

哺乳仔猪骨骼肌肉生长较快，对矿物质营养需要量较大，过去非封闭式饲养情况下人们只注意钙、磷的补给，而忽视了其他矿物质营养的供给，导致哺乳仔猪生产水平较低。推荐标准是：3～5kg 阶段钙 0.90%，总磷 0.70%，有效磷 0.56%；5～10kg 阶段钙 0.80%，总磷 0.65%，有效磷 0.40%。

4. 维生素需要

实际配合饲粮时，维生素水平至少是饲养标准需要量的 5～8 倍，才能保证最大生产成绩。哺乳仔猪所需维生素来源于母乳和日粮，根据玉米—豆粕－乳清粉型日粮特点，考虑添加维生素 A、维生素 D、维生素 E、维生素 K、维生素 B_1、维生素 B_2、泛酸、烟酸、维生素 B_{12}、胆碱、维生素 B_6、生物素、叶酸。维生素 A、维生素 D 过量时毒性较大。一般维生素 A 添加量不超过 20 000iU/kg，维生素 D 不超过 2 000iU/kg。

维生素 E 推荐量为 10mg/kg。根据资料报道，高水平添加维生素 E（150 ~ 300mg/kg饲粮）可以增强仔猪的免疫力，有利健康。另有美国资料报道，初生仔猪缺乏维生素 E 或硒，可以导致仔猪肌肉注射铁质 10 ~ 12h 内部分或全部死亡。

维生素 K 对于哺乳仔猪是必需的，因为哺乳仔猪肠道内微生物少，不能合成自身所需要的维生素 K 量。因此在其饲粮中应添加 2mg/kg。

5. 水的需要

仔猪生后 1 ~ 3d 就需要供给饮水。使用饮水器要安装好其高度，一般为 15 ~ 20cm，水流量至少 250ml/min。据资料报道，水中含有硝酸盐或硫酸盐易引起仔猪腹泻。生产实践中，发现水中氟含量过高，会出现关节肿大，锰含量偏高，仔猪出现后肢站立不持久，出现节律性抬腿动作。

二、饲养标准

舜皇山土猪各阶段的营养需要与标准见表 3 – 7、表 3 – 8、表 3 – 9。

表 3 –7　舜皇山土猪后备母猪饲养标准

类别	每头每日营养需要量			每千克风干日粮需要量		
体重（kg）	7 ~ 20	20 ~ 35	35 ~ 60	7 ~ 20	20 ~ 35	35 ~ 60
预期日增重（g）	300	400	300			
精料日采食量（kg）	0.75	1.3	2			
青饲料采食量（kg）	0.3	0.5	0.8			
消化能（MJ）	9.75	13.6	17.57	12.97	10.46	8.77
粗蛋白质（g，%）	112.5	182	200	15	14	10
赖氨酸（g，%）	5.25	7.4	8.8	0.7	0.57	0.44
蛋十胱氨酸（g，%）	3.45	4.8	5.8	0.46	0.37	0.29
钙（g，%）	5.4	7.2	10.2	0.72	0.55	0.51
磷（g，%）	4.5	6	8.6	0.6	0.46	0.43
食盐（g，%）	3.8	5.2	6	0.5	0.4	0.3

表 3 –8　舜皇山土猪母猪饲养标准

类别	每头每日营养需要量			每千克风干日粮需要量		
生理阶段	妊娠前期	妊娠后期	哺乳期	妊娠前期	妊娠后期	哺乳期
体重范围（kg）	90 ~ 120	120 ~ 150	120 ~ 150	90 ~ 120	120 ~ 150	120 ~ 150
精料日采食量（kg）	1.8 ~ 2.1	2.2 ~ 2.5	3.5 ~ 4.5			

（续表）

类别	每头每日营养需要量			每千克风干日粮需要量		
生理阶段	妊娠前期	妊娠后期	哺乳期	妊娠前期	妊娠后期	哺乳期
青饲料采食量（kg）	1.0	1.5	2.0			
消化能（MJ）	17.57	25.1	48.95	9.76	11.41	13.60
粗蛋白质（g,%）	188	240	585	10.44	10.91	16.25
赖氨酸（g,%）	5.7	8.4	24.8	0.32	0.38	0.69
蛋十胱氨酸（g,%）	3	4.5	15.4	0.17	0.20	0.43
钙（g,%）	10.2	14.7	32	0.57	0.67	0.89
磷（g,%）	8.1	12	21.6	0.45	0.55	0.60
食盐（g,%）	5.4	8.1	22.1	0.30	0.37	0.61

注：种公猪饲养标准参照母猪妊娠后期、或哺乳期标准

表 3 – 9　舜皇山土猪生长育肥猪饲养标准

类别	每头每日营养需要量				每千克风干日粮需要量			
体重范围（kg）	5~15	15~35	35~60	60~85	5~15	15~35	35~60	60~85
预期日增重（g）	290	355	495	550				
预期精饲料采食量（kg）	0.75	1.1	2.03	2.56				
青饲料采食量（kg）	—	0.5	1.0	1.5				
消化能（MJ）	9.73	13.34	23.79	30	12.97	12.13	11.72	11.72
粗蛋白质（g,%）	112.5	154	243.6	256	15	14	12	10
赖氨酸（g,%）	5.1	7.15	11.37	13.82	0.68	0.65	0.56	0.54
蛋十胱氨酸（g,%）	3.38	4.73	7.51	7.68	0.45	0.43	0.37	0.3
钙（g,%）	4.5	6.16	9.54	10.75	0.6	0.56	0.47	0.42
磷（g,%）	3.83	5.06	7.92	8.7	0.51	0.46	0.39	0.34
食盐（g,%）	1.65	3.3	6.09	7.68	0.22	0.3	0.3	0.3

第二节　舜皇山土猪的常用饲料及营养价值

舜皇山土猪喜食五谷杂粮、瓜果藤蔓，并且要精挑细选、粉碎切细和蒸煮稠调才喂饲给舜皇山土猪。在长时间蓄养中吸收和转换，孕育出的舜皇山土猪肉，味道更加鲜美、肉质更加细嫩。通常说的五谷杂粮，是指稻谷、麦子、高粱、大豆、玉米，根据舜皇山土猪饲养要求，杂粮主要使用稻谷类和大豆类饲料，合理搭配青绿饲料饲喂。

一、能量饲料

能量饲料是指干物质中粗纤维含量低于18%，粗量的质含量低于20%的饲料，其营养特性是含有丰富的易于消化的淀粉，是猪所需要量的主要来源。能量饲料一般以谷

物类为主，蛋白质、矿物质和维生素含量低，同时蛋白质品质不佳。

（一）稻谷

指没有去除稻壳的子实，能值高、适口性好，是饲喂舜皇山土猪主要的能量饲料。它的缺点是蛋白质含量低，并缺乏赖氨酸、色氨酸、矿物质和维生素也不足（图3-1）。

图3-1　能量饲料稻谷

（二）碎大米

采用常规方法稻谷制米过程中的一种副产品。其副产品有稻壳、米糠、碎米等，其中，碎米淀粉含量高，它的营养价值与大米近似，但碎米价格仅为大米的30%～50%，是我国南方饲喂土猪替代玉米的好饲料。碎米分为大碎米和小碎米，直径大于2mm，不足整米的2/3的米粒为大碎米；1mm＜直径＜2mm为碎米（图3-2）。

图3-2　能量饲料碎米

（三）米糠

稻谷加工的主要副产品，本品呈淡黄灰色，主要用作畜禽饲料。米糠蛋白质比玉米好，且富含B族维生素，钙少磷多。米糠会产生松软脂肪，所以，在饲粮中不要超过30%。仔猪至30kg前，宜在5%～15%，如果用量过多，仔猪不爱吃，并且会引起下痢（图3-3）。

图 3 - 3　能量饲料米糠

（四）淀粉质块根块茎类

主要有甘薯（又称红薯），主要以肥大的块根供猪用，形状分为纺锤形、圆筒形、球形和块形等；皮色有白、黄、红、淡红、紫红等色。其藤也可作猪青饲料用，常被列入多汁饲料，但含水分比多汁饲料少。甘薯的营养成分如胡萝卜素、维生素 B_1、B_2、C 和铁、钙等矿物质的含量都高于大米和小麦粉（图 3 - 4）。

图 3 - 4　红薯

二、植物性蛋白质饲料

（一）大豆

大豆是一种其种子含有丰富蛋白质的作物，呈椭圆形、球形，颜色有黄、淡绿、黑等，是豆科植物中营养价值最高的品种。大豆能值较高，蛋白质含量也较高约为 37%，而且质量好，所含氨基酸较全，尤其富含赖氨酸，但其含脂也较高，故一般用其饼粕。生大豆含有蛋白酶抑制因子，能抑制某些蛋白酶对饲料蛋白质的分解，降低蛋白质的消化率，须通过加热处理才能用来饲喂（图 3 - 5）。

图 3 - 5　蛋白饲料大豆

（二）豆粕（饼）

豆粕（饼）是大豆提取脂肪（油）后的副产品，呈片状或粉状，有豆香味，豆粕（饼）是目前用得最多的一种植物蛋白质补充饲料，在不需额外加入动物性蛋白的情况下，仅豆粕中所含有的氨基酸就足以平衡猪的营养。豆粕（饼）的蛋白质量比其他植物蛋白质饲料好，适口性也极佳，各种家畜均喜食。豆粕（饼）蛋白质 42% ~ 45%，粗纤维 ≤5.0%，赖氨酸 2.5% ~ 3.0%，色氨酸 0.6% ~ 0.7%，蛋氨酸 0.5% ~ 0.7%（图 3 - 6）。

图 3 - 6　蛋白饲料豆粕

（三）棉籽粕（饼）

棉籽饼是棉籽榨油后的副产物，压榨取油后的称饼，预榨浸提或直接浸提后的称粕，棉籽经脱壳后取油的副产物称棉仁饼，也是使用得比较多的植物性蛋白质饲料。粗纤维较高，14% 左右，粗蛋白质 30% ~ 40%，赖氨酸含量较低。棉籽饼（粕）含有毒有害物质，其中主要为棉酚，其残留量决定于棉籽中棉酚的含量与加工工艺。生产上对含毒较高的棉籽饼（粕）进行去毒处理。方法有：加水煮沸 1h，或用 0.4% 硫酸亚铁、或用 0.5% 石灰水浸泡 2 ~ 4h（图 3 - 7）。

图 3 - 7　蛋白饲料棉籽粕

（四）菜籽饼（粕）

油菜籽榨油后的副产品物成为菜籽饼（粕），含粗蛋白质 35% ~ 40%，粗脂肪 1.5% ~ 2.0%，粗纤维 11% ~ 13%，赖氨酸的含量也较高（2.0% ~ 2.5%），仅次于大豆饼粕。但含有多种抗营养因子，菜籽饼（粕）中含有硫葡萄糖甙等有毒有害成分，加上适口性比豆饼（粕）的脱毒方法可采用水浸法、坑埋法等（图3-8）。

图3-8　蛋白饲料菜籽粕

（五）花生饼（粕）

脱壳花生果经压榨（饼）或浸提取油后（粕）的副产物。花生饼（粕）的营养价值较高，代谢能是饼（粕）类饲料中最好的，含粗蛋白质41%以上，蛋白质品质低于豆饼（粕），但氨基酸组成不好，赖氨酸、蛋氨酸含量较低，赖氨酸含量只有大豆饼粕的一半左右。花生饼（粕）有甜味，适口性好，但容易发霉变质，产生黄曲霉毒素（图3-9）。

图3-9　蛋白饲料花生粕

三、动物性蛋白质饲料

这一类蛋白质饲料的特点是蛋白质含量高，大多55%以上，各种必需氨基酸含量高，品质好；维生素含量丰富，矿物质特别是钙和磷含量高、比例适当。

（一）鱼粉

鱼粉用一种或多种鱼类为原料，经去油、脱水、粉碎加工后的高蛋白质饲料（图3-10），是渔业工厂的副产品，它所含粗蛋白质在60%以上，各种氨基酸含量高，且较平衡，是一种优质蛋白质饲料。但因其价格较高，一般用于喂幼猪和种猪。

图 3 - 10　进口鱼粉

（二）　肉骨粉

肉骨粉是以新鲜无变质的动物废弃组织及骨经高温高压蒸煮、灭菌、脱胶、干燥粉碎后的产品，黄至黄褐色油性粉状物，具肉骨粉固有气味。无腐败气味，无异味异臭。一般含蛋白质30%～55%，赖氨酸含量高，钙、磷、锰含量高，但其蛋白质品质不如鱼粉好，补充钙的主要饲料（图3-11）。

图 3 - 11　肉骨粉

（三）　乳清粉

乳制品企业利用牛奶生产干酪时所得的一种天然副产品，它是液态的，将乳清直接烘干后就得到了乳清粉，含有65%～75%乳糖和12%粗蛋白。其价格贵且蛋白质含量又不高，仅在乳猪的诱食料或在断奶仔猪的饲粮中应用（图3-12）。

四、矿物质

因植物性饲料中所含矿物质量均较低，为了满足猪对矿物质在需求，必须补充矿物质饲料。

（一）　食盐

食盐不仅可以补充钠和氯，还可提高饲粮的适口性和利用率，补充量一般占饲粮的0.3%～0.5%（图3-13）。

（二）　石粉和贝壳粉

主要补充饲料中的钙不足，含量在32%～38%。贝壳粉中因含有一定量有机物，

图3-12　乳清粉

应注意消毒和防止变质（图3-14）。

（三）磷酸氢钙和骨粉

主要是补充饲料中钙、磷的不足，磷酸氢钙含钙23%左右，含磷18%左右；骨粉含钙32%左右，含磷14%左右（图3-15）。

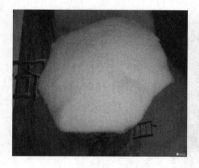　　

图3-13　食盐　　　　图3-14　贝壳粉　　　　图3-15　骨粉

五、青绿饲料

青绿饲料是优点是产量高，适口性好，富含蛋白质、矿物质、维生素和未知因子，如果使用得当，不但可以节省精料，是改善土猪肉质重要途径，还可以使养猪获得更高的生产效益和经济效益，是饲喂舜皇山土猪很重要的一种饲料。饲喂舜皇山土猪比较好的青绿饲料有鲁梅克斯、菊苣、篁竹草、黑麦草、苦荬菜、胡萝卜、红薯藤等。

（一）篁竹草

又称粮竹草、王草、篁竹、巨象草、甘蔗草，为多年生禾本科植物，因其叶长茎高、杆型如小斑竹，故名称篁竹草。篁竹草由象草和美洲狼尾草杂交选育而成，是一种新型高效经济作物，由于粗蛋白含量高，产量高（亩产25 000~30 000kg），是饲养土猪的优质牧草。篁竹草能量为3.54MJ/kg，水分70%，粗蛋白18.46%，粗纤维17.78%，粗脂肪1.74%，钙0.678%。可直接饲喂鲜嫩的叶片（篁竹草长到60~80cm），也可打浆拌料喂，还可打成草粉饲喂（图3-16）。

图 3 - 16　篁竹草

（二）鲁梅克斯

鲁梅克斯 K - 1 杂交酸模的简称，俗称高秆菠菜，它是经杂交育成的新品种，是国内近年从乌克兰引进的一种多年生高蛋白牧草，既具有高产、速生和品质优良的特性，又有极强的耐寒性，能耐 - 40℃ 的低温。具有利用年限长（生长期达 25 年）、高产（亩产鲜草 8 000 ~ 10 000kg）、高营养（粗蛋白含量高达 34%）、抗逆性强（耐寒、耐旱、耐涝、耐盐碱）等特点，是一种十分优良的土猪青绿饲料牧草品种（图 3 - 17）。

图 3 - 17　鲁梅克斯草

（三）菊苣

为菊科多年生草本植物，喜温暖湿润气候，但也耐寒、耐热，由于它品质优良，成为最有发展前途的饲料和经济作物新品种。植株达 50cm 高时可刈割，留茬 5cm 高，一般每 30d 刈割一次，单产鲜草 10 000 ~ 15 000kg/亩，干物质中含粗蛋白 15% ~ 32%，粗脂肪 5%，粗纤维 13%，粗灰分 16%，无氮浸出物 30%，钙 1.5%，磷 0.42%，各种氨基酸及微量元素丰富（图 3 - 18）。

（四）黑麦草

禾本科黑麦草属一年生或多年生草本，喜温凉湿润气候。宜于夏季凉爽、冬季不太寒冷地区生长。10℃ 左右能较好生长，27℃ 以下为生长适宜温度，35℃ 生长不良。产量高，一般每亩产鲜草 5 000 ~ 10 000kg。黑麦草粗蛋白 4.93%，粗脂肪 1.06%，无氮浸出物 4.57%，钙 0.075%，磷 0.07%。其中，粗蛋白、粗脂肪比本地杂草含量高出 3 倍（图 3 - 19）。

图 3 – 18 菊苣草

图 3 – 19 黑麦草

（五）苦荬菜

属多年生草本，具白色乳汁，光滑，叶茎嫩绿多汁，适口性好，各种畜禽均喜食。耐寒、抗热，微酸微碱性土壤均可种植。一般每亩产鲜绿饲草 5 000 ~ 7 000kg，高者可达 10 000kg。鲜草中含干物质 88.71%，粗蛋白质 19.74%，粗脂肪 6.72%，粗纤维 9.63%，无氮浸出物 44.02%，灰分 8.6%（图 3 – 20）。

图 3 – 20 苦荬菜

用青饲料喂猪，要注意以下问题。

（1）在适当时间收割。在幼嫩期，其蛋白质、矿物质和维生素的含量较高，粗纤维较少，易被消化。处于此期的青饲料最适宜喂猪。

（2）青饲料要保持新鲜和清洁，防止发生霉烂，应注意刚喷过农药的青饲料不能喂猪。

（3）青饲料要鲜喂，不要煮熟喂。煮料会破坏青饲料中的养分，如维生素等，而且若调制不当还会发生亚硝酸盐中毒。所以，最好是切碎、打浆、发酵或青贮后饲喂。

（4）适当搭配其他饲料。根据猪的不同生长时期，以保证猪对多种营养的需要。

六、饲料添加剂

饲料添加剂是指配合饲料中加入的各种微量成分。其作用是完善饲粮的全价性、提高饲料利用率、促进生长，防治疾病。

（一）营养性添加剂

主要是平衡猪饲粮中的营养物质，包括氨基酸、维生素和微量元素。

（二）非营养性添加剂

具有提高饲料利用率，促进猪生长，防止猪发病和利于饲料加工与保存等功效。它包括抗氧化剂、促生长剂、酶制剂、调味剂等（表3-10）。

表3-10　常用饲料营养成分表

饲料名称	猪消化能	粗蛋白质（%）	赖氨酸（%）	蛋氨酸（%）	胱氨酸（%）	钙（%）	总磷（%）	非植酸磷
玉米	14.18	7.8	0.23	0.15	0.15	0.02	0.27	0.12
小麦	14.18	13.9	0.3	0.25	0.24	0.17	0.41	0.13
稻谷	11.25	7.8	0.29	0.19	0.16	0.03	0.36	0.2
糙米	14.39	8.8	0.32	0.2	0.14	0.03	0.35	0.15
碎米	15.06	10.4	0.42	0.22	0.17	0.06	0.35	0.15
甘薯干	11.8	4	0.16	0.06	0.08	0.19	0.02	
次粉	13.68	15.4	0.59	0.23	0.37	0.08	0.48	0.14
小麦麸	9.37	15.7	0.58	0.13	0.26	0.11	0.92	0.24
米糠	12.64	12.8	0.74	0.25	0.19	0.07	1.43	0.1
米糠粕	11.55	15.1	0.72	0.28	0.32	0.15	1.82	0.24
大豆	16.61	35.5	2.2	0.56	0.7	0.27	0.48	0.3
全脂大豆	17.74	35.5	2.37	0.55	0.76	0.32	0.4	0.25
大豆粕	14.26	44	2.66	0.62	0.68	0.33	0.62	0.18
棉籽粕	9.68	43.5	1.97	0.58	0.68	0.28	1.04	0.36
菜籽粕	10.59	38.6	1.3	0.63	0.87	0.65	1.02	0.35
鱼粉	12.97	62.5	5.12	1.66	0.55	3.96	3.05	3.05
血粉	11.42	82.8	6.67	0.74	0.98	0.29	0.31	0.31
肉骨粉	11.84	50	2.6	0.67	0.33	9.2	4.7	4.7
肉粉	11.3	54	3.07	0.8	0.6	7.65	3.88	
啤酒糟	9.41	24.3	0.72	0.52	0.35	0.32	0.42	0.14
啤酒酵母	14.81	52.4	3.38	0.83	0.5	0.16	1.02	
乳清粉	14.39	12	1.1	0.2	0.3	0.87	0.79	0.79

（续表）

名称	猪消化能	粗蛋白质（%）	赖氨酸（%）	蛋氨酸（%）	胱氨酸（%）	钙（%）	总磷（%）	非植酸磷
血浆蛋白粉	4.09	78.00				0.12	1.78	1.78
乳糖	14.77	0.3						
葡萄糖	14.06	0.3						
鱼油	35.31							
菜籽油	36.65							
椰子油	36.61							
棕榈油	33.51							
大豆油	36.61							
磷酸氢钙						29.6	22.77	22.77
磷酸氢钙						23.29	18	18
石灰石粉						35.84	0.01	0.01

第三节 舜皇山土猪的饲料配制

根据舜皇山土猪不同阶段对营养的需要配制日粮，舜皇山土猪日粮参考配方，参见表3－11。

表3－11 舜皇山土猪日粮参考配方

猪类别	后备母猪			母猪			生长肥育猪			
阶段	7～20 kg	20～35 kg	35～60 kg	妊娠前期	妊娠后期	哺乳期	5～15 kg	15～35 kg	35～60 kg	60～85 kg
鱼粉	2.5	2				3	3	3		
大豆粕	5	10	2.5	2.5	5	15.5	5	9	8.5	3.5
稻谷	63.3	60.4	67.2	68.7	64	58.6	60.5	62	64	68
麦麸	8	8	8.5	5	7	8	8	8	8	8
次粉	10	10	8	6	6	8	10	10	10	10
乳清粉	4						4			
血浆蛋白粉	4						4			
石灰石粉	1.4	0.9	1.2	1.4	1.4	1.3	1.2	1	1.1	1.1
磷酸氢钙	0.3	0.3	0.3	0.2	0.4	0.6		0.1	0.1	
食盐	0.5	0.4	0.3	0.2	0.2	0.3	0.3	0.3	0.3	0.3
米糠		7	11	15	15	3.5	3	5.6	7	8.1
预混料	1	1	1	1	1	1	1	1	1	1
合计	100	100	100	100	100	100	100	100	100	100

（续表）

猪类别	后备母猪			母猪			生长肥育猪			
阶段	7～20 kg	20～35 kg	35～60 kg	妊娠前期	妊娠后期	哺乳期	5～15 kg	15～35 kg	35～60 kg	60～85 kg
消化能	12.87	13.25	13.17	13.28	13.16	13.20	12.92	13.29	13.29	13.28
粗蛋白质	15.10	14.05	10.32	10.09	11.14	16.20	15.57	14.18	12.42	10.68
赖氨酸	0.56	0.66	0.40	0.40	0.47	0.82	0.60	0.68	0.53	0.41
蛋+胱氨酸	0.42	0.48	0.36	0.36	0.39	0.54	0.44	0.49	0.42	0.38
钙	0.76	0.54	0.55	0.59	0.65	0.80	0.64	0.56	0.48	0.44
总磷	0.56	0.56	0.52	0.53	0.58	0.62	0.55	0.53	0.47	0.44
非植酸磷	0.35	0.25	0.18	0.16	0.20	0.33	0.31	0.24	0.15	0.13

注：种公猪饲料配方可采用哺乳母猪饲料配方

第四章 舜皇山土猪的饲养管理

第一节 舜皇山土猪的饲养

舜皇山土猪食谱广，耐粗饲性能好，可充分利用糠麸、糟渣、青饲料等农副产品，喜食五谷杂粮、瓜果藤蔓，并且要精挑细选、粉碎切细和蒸煮稠调才喂饲给舜皇山土猪。在长时间蓄养中吸收和转换，孕育出的舜皇山土猪肉，味道更加鲜美、肉质更加细嫩（图 4 - 1）。

图 4 - 1 土猪放养饲养

一、舜皇山土猪一般饲养管理技术

（一）科学配制日粮

猪体需要的各种营养物质均由饲料来供给，而各种饲料中所含的营养物质种类与数量不一样，因此，应根据猪体对各种营养物质的需要量及各类饲料中各营养物质的种类和数量来科学配合日粮，多种饲料合理搭配，千万不可长期饲喂单一的饲料。

（二）分群分圈饲养

为有效地利用饲料和圈舍，提高劳动生产率，降低生产成本，应按品种、性别、年龄、体重、强弱、吃食快慢等进行分群喂养，以保证各类猪的正常生长发育。但成年公猪和妊娠后期的母猪应单圈饲养。分群后，经过一个阶段的饲养，同一群内可能还会出现体重大小和体况不一样的情况，应及时加以调整，把较弱的留在原圈，把较强的并入另外一群。

（三）不同的猪群采用不同的饲养方案

为使各类猪只都能正常生长发育，应根据各猪群的生理阶段及体况和对产品的要求，按饲养标准的规定，分别拟定一个合理的饲养方案。

（四）坚持"四定"喂猪

根据猪的生活习性，应建立"四定"生活制度。即①定时饲喂。每天喂猪的时间、次数要固定，这样不仅使猪的生活有规律，而且有利于消化液的分泌，因而可提高猪的食欲和饲料的利用率。②定量饲喂。喂食数量要掌握好，不可忽多忽少。以免影响食欲，造成消化不良。定量不是绝对的，应根据气候、饲料种类、食欲、粪便等情况灵活掌握。③定温饲喂。要根据不同季节温度的变化，调节饲料及饮水的温度。④定质饲喂。就是说，日粮的配合不要变动太大，饲料要清洁新鲜，饲料变更时，要逐渐过渡，否则，会使猪消化不良或患病。一般变更期为1周，即在1周内，饲料是逐渐减少或逐渐增加的。

（五）合理调制饲料

应根据饲料的性质，采取适宜的调制方法，青饲料除切碎、打浆鲜喂外，还可调制成青贮饲料或干草饲喂；粗饲料常以粉碎、浸泡、发酵等调制方法；精饲料中各种籽实类通过粉碎后生喂。但生豆类需经蒸煮或焙炒消除抗胰蛋白酶因子和豆腥味后才可喂猪；另外，籽饼、菜籽饼饲喂前应经过脱毒处理后方可饲喂。

（六）改进饲喂方法

不同的饲喂方法，对饲料利用率和胴体品质均有一定影响。育肥猪自由采食增重快，但胴体短而肥；限量饲喂虽会降低日增重，但可提高饲料利用率及瘦肉率。应普及生饲料喂猪，一般以湿拌料、稠粥料或生干粉料喂猪，并应积极发展利用颗粒饲料饲喂。

（七）供给充足饮水

水对饲料的消化、吸收、运输、体温调节、泌乳等生理机能起着重要作用。为此，每天必须供应充足而清洁的饮水，猪在夏季需水多，冬季需水少；喂干粉料需水多，喂稠料需水少。猪每采食1kg干饲料需水1.90～2.50kg，夏季天气炎热时，每采食1kg干饲料需水4～4.50kg。

（八）加强猪的护理

低温会造成猪能量消耗，高温会影响猪的食欲。所以，各种猪舍，冬季应搞好防寒保温，夏季应注意防暑降温。圈养密度过大，会导致增重速度和饲料利用率降低。训练猪只养成固定地点排泄、采食、睡觉和接近人的习惯，有助于提高管理工作的效率。防疫卫生是管理中的一项经常性工作，应经常保持圈舍的清洁卫生，定期进行消毒、防疫和驱虫。

二、舜皇山土猪不同阶段的饲料类型

舜皇山土猪不同阶段饲料类型，见表4-1。

表4-1　舜皇山土猪不同阶段的饲料类型

猪的阶段	后备种猪	妊娠母猪	哺乳母猪	5～10kg	11～15kg	16～30kg	31～50kg	50kg至出栏
饲料类型	后备种猪料	妊娠母猪料	哺乳母猪料	教槽料	乳猪料	小猪料	中猪料	大猪料

三、不同类型猪的饲喂方法和饲养密度

不同类型猪的饲喂方法和饲养密度，见表4－2、表4－3。

表4－2　舜皇山土猪日粮量及饲喂方法

猪别	日粮量（kg）		日喂次数	饲喂方式	饮水方式
	全价饲料	青饲料			
仔猪	不限		少放勤添	自由采食	
生长肥育猪	1.0～2.5	1.0～1.5	3次	湿料、九成饱	
妊娠母猪	1.5～2.2	1.0～1.5	2次	湿料、限饲	用自动饮水器饮水
哺乳母猪	3.0～3.5	1.0～1.5	2次	湿料、限饲	
种公猪	2.0～2.5	1.0～1.5	2次	湿料、限饲	

表4－3　舜皇山土猪饲养密度

猪的类型		面积（m²/头）	密度（头/圈）	备注
种公猪		10	1	带运动场
空怀母猪		3.0～4.0	3～4	带运动场
怀孕母猪		7.5～8.0	1	
哺乳母猪		7.5～8.0	1	
肉猪	30kg 以下	0.5～0.8	10～20	
	（30～50）kg	0.8～1.0	10～20	
	（50～120）kg	1.3～1.5	10～20	

第二节　种公猪的饲养管理

公猪饲养管理的目标是使它有适宜的体况（8～9月龄成膘），良好的性欲和优良的精液品质，在养猪生产过程中饲养管理要点如下。

一、公猪的饲喂

公猪日粮量根据季节和体况适当调整。要单栏饲养，公猪日喂2次，喂公猪料、配种期投料3kg/头/d，非配种期投料2～2.5kg/头/d。

二、公猪的使用

后备公猪5月龄开始使用，使用前先进行配种调教和精液质量检查，使用时体重要求达90kg，日龄达180d（6月龄），开始使用的1～5周内每周可使用1次或2次，相隔3～4d，1～2岁的青年公猪每周可使用2次或3次。2岁以上的公猪，在饲养管理水平较高的情况下，每日可配2次或3次，若配两次，两次间隔8～10h，连配5～6d应休息1d。健康公猪休息时间不得超过2周，以免发生配种障碍。

三、定期检测精液品质

人工授精每次采精都要检查精液的品质，采用自然交配每州也要检查 1 次精液品质，若连续 3 次精检不合格或连续 2 次精检不合格且伴有睾丸肿大、萎缩、性欲低下、跛行等疾病时，必须淘汰。后备公猪开始使用前和由非配种期转入配种期之前，都要检查精液 2 次或 3 次。

四、公猪的运动

每天驱赶运动（0.5~2.0）h，运动分上午、下午 2 次进行，每次运动均伴以梳刷。夏季（气温高于 30℃）在早、晚凉爽时进行，冬季（气温低于 10℃）可在中午运动 1 次，下雨天及气温低于 5℃应在走道内运动。

五、配种的管理

种公猪每 2d 采精或配种 1 次。

六、防暑与降温

在高温季节，采取空调、遮阴、通风、喷水和湿帘等措施防暑降温。湿帘降温适于大面积猪舍使用，但在持续高温 38℃以上时，特别是空气湿度大时效果并不理想。喷水降温是一个经济实惠的办法，能使配种受胎率始终保持在 80%以上。这种方法是在猪舍横梁上安装一个风扇，方向向上，上方装一根水管（塑料），水管中不断滴下的水，遇到高速旋转的风叶变成雾状并借离心力飞向四周，40W 的风扇喷雾半径可达 3m。

七、日常工作程序

上班→检查公猪和栏舍的气温和空气→投料→扫栏→扫饲料→打扫环境区→采精或配种→赶公猪上路→检查公猪和栏舍→下班。

八、其他

（1）制定合理的公猪配种计划，建立良好的生活习惯，饲喂，采精或配种、运动等各项作业都应在大体固定的时间进行，利用条件反射养成规律性的生活制度，便于管理操作。

（2）防止公猪咬架，不准在同一走道上同时赶动两头或两头以上的公猪，万一发生咬架应迅速放出发情母猪将公猪引走或用水猛冲公猪眼部将其撵走，还可用烟火促使其分开。

（3）调教公猪：后备公猪达 5 月龄，体重达 90kg，膘情良好即可开始调教。将后备公猪放在配种能力较强的老公猪附近隔栏观摩、学习配种方法；第一次配种时，公母大小比例要合理，母猪发情状态要好，不让母猪爬跨新公猪，以免影响公猪配种的主动性，正在交配时不能推公猪，更不能打公猪。

（4）合理淘汰生产成绩差；精液检查品质不佳的公猪，患病，四肢不正常，过分凶的公猪，年迈过老的公猪。

（5）注意工作安全：工作时保持与公猪的距离，不要背对公猪，用公猪试情时，需要将正在爬跨的公猪从母猪背上拉下来，这时要小心，不要推其肩、头部以防遭受攻击。严禁粗暴对待公猪。

第三节　后备母猪的饲养管理

按计划完成每周配种任务，保证全年均衡生产；保证配种分娩率在85%以上；保证窝平均产活仔数在11头以上；保证后备母猪合格率在90%以上（转入基础群为准）。

一、后备母猪饲养

后备猪每天每头喂1.8～2.0kg，根据不同体况、配种计划增减喂料量。后备母猪在第一个发情期开始，要安排喂催情料，比规定料量多1/3，配种后料量减到1.8～2.2kg。

表4－4　后备母猪饲养

月龄	体重（kg）	饲喂量（kg）
2	15～25	0.5～0.8
3	30～40	1.0～1.3
4	45～55	1.5～1.8
5	65～75	2.0～2.3

空怀母猪和妊娠母猪采食量原则上按表4－4执行。根据季节、母猪体况和膘情，适当调整配方或喂量。

二、后备母猪的日常管理

（一）合理分群

后备母猪一般为群养，饲养密度适当，后备母猪舍的小母猪以4～8头/栏的小群饲养为好，可以促进小母猪的采食，生长发育以及发情。

（二）适当运动

为强健体质、发育匀称，特别是增强四肢的灵活性和坚实性，应考虑安排后备母猪在运动场内作适当的自由运动。每天运动1次。

（三）调教

为了繁殖母猪管理上的方便，后备母猪在培育时就应进行调教：一要严禁对猪只粗暴，建立人与猪的和睦关系，从而有利于以后的配种、接产、产后护理等管理工作。二要训练猪养成良好的生活规律，如定点排粪便等。

（四）定期称重

定期称量个体既可作为后备猪选择的依据，又可根据体重适时调整饲粮营养水平和采食量，从而达到控制后备猪生长发育的目的。

（五）观察发情，适时配种

通过同成熟公猪的接触来刺激，使发情日龄提前。初情期一般在 120 日龄，有效方法是定期与成熟公猪接触，看、听、闻、触公猪就会产生静立反射。把公猪赶到母猪圈内诱情，每天让母猪在圈中接触 4 月龄以上的公猪 20min。对于达初情期日龄的猪不发情或断奶后乏情的母猪，应采取合栏、运动和公猪刺激，注射催情药物等方式来促进母猪的发情。药物催情：使用效果较好的是 PG600，也可用先肌注孕马血清 1 000～1 500 个国际单位 1 次或 2 次，隔日，3～4d 以后再注射人绒毛膜促性腺激素。同时，在饲料中添加适量的维生素 E（每天 400mg）。

（六）适宜的温度

后备母猪饲喂在水泥地面的最低临界温度是 14℃，最适温度为 18℃。

（七）通风

后备母猪在集约化条件下所需通风为最低 $16m^3/h$，最高为 $100m^3/h$。

（八）光照

无论自然光照或人工光照都应以能够很清楚地察发情为准，实际中光照强度为 50Lx 即能满足要求。应尽可能地用日光，当需要时才用人工光照，光照时间为每天 16h，不足部分可通过人工光照获得。

（九）饮水

随时保证供应清洁新鲜的饮水，为保证睡卧区域的干燥，饮水器应安在排粪区域，距地面高度为 0.7m，最低流量为 1L/min，每只饮水器最多只能供应 8 头猪。

（十）免疫

外购的后备母猪要采用一定的免疫程序，并严格实施隔离观察。

三、日常工作程序

上午：上班→喂料→清扫走道所余饲料→食槽加水→清扫猪粪观察粪便→检查母猪是否有返情及母猪健康状态→清扫饲料间及母猪生产卡→有无调整猪只→下班。

下午：上班→检查猪群和栏舍→给料→扫栏，观察猪的粪便→清理粪沟→扒饲料→检查或治疗→下班。

第四节 空怀和妊娠母猪的饲养管理

一、断奶母猪的饲养管理要点

断奶母猪的膘情至关重要，要做好哺乳后期的饲养管理，使其断奶时保持较好的膘情。

（一）断奶母猪饲养

断奶母猪可喂哺乳料、日喂二餐，日喂 2.0～2.5kg，推迟发情的断奶母猪优饲，日喂 3～4kg。料中添加大剂量的维生素和抗生菌药物；适当的高水平供应 3～4kg/日。体况瘦弱的经产母猪：抓两头顾中间，即配种后 20d 前加强营养，20～80d 降低营养，多喂青粗饲料，80～110d，再加强营养，加大饲喂量。配种前体况良好的经产母猪：即配种后至 80d，降低饲喂量，80d 以后再加强营养。

（二）断奶母猪的管理

断奶母猪一般断奶后 5～7d 正常发情，且配种后怀孕率高可达 90% 以上，此时注意做好母猪的发情鉴定和公猪的试情工作。母猪发情稳定后才可配种，不要强配。

超期空怀、不正常发情母猪要集中饲养，每天放公猪进栏追逐 10 分钟或放运动场公母混群运动，观察发情情况。不发情或屡配不孕的母猪可使用 PG600、血促性素、绒促性素、排卵素、氯前列烯醇等外源性激素。长期病弱或空怀 2 个情期以上的，应及时淘汰。

二、妊娠母猪的饲养管理要点

（一）妊娠母猪的饲养

怀孕母猪饲养是要达到 3 个指标，一是生产出体大、健壮、数量多的活仔猪；二是产后母猪乳腺发育正常，产奶多；三是尽可能地节省饲料，降低初生仔猪生产成本。

对妊娠母猪定期进行评估，按妊娠阶段分三段区进行饲喂和管理。妊娠 1 个月内的喂料量为 1.8～2.2kg/d/头，妊娠中间 2 个月内的喂料量为 2.0～2.5kg/d/头，最后一个月的喂料量为 2.8～3.0kg/d/头，产前一周开始喂哺乳料，并适当减料。每次投放饲料要准、快，以减少应激。要给每头猪足够的时间吃料，不要过早放水进食槽，以免造成浪费。在夏季高温季节，可在饲料中添加脂肪。

怀孕母猪饲养方案

根据母猪的膘情调整投料量。在正常体况下，150kg 体重母猪可采用以下饲养方案。

配后～28d：妊娠母猪料 2～2.2kg

29～84d：妊娠母猪料 2.2～2.5kg

85～99d：哺乳母猪料 2.5～3kg

100～112d：哺乳母猪料

113～分娩：2～3kg

配种后：母猪立即分开饲养，头 3 周每天限食不超过 2kg，3～12 周：2.5～2.8kg，12～15 周：2.8～3.5kg，15 周至分娩：逐渐降至 2kg。

分娩当天不喂料。

（二）妊娠母猪的管理

（1）不喂发霉变质饲料，防止中毒和流产；减少应激，防流产保胎。

（2）妊娠诊断。在正常情况下，配种后 21d 左右不再发情的母猪即可确定妊娠。

其表现为：贪睡、食欲旺、易上膘、皮毛光、性温驯、行动稳、阴门下裂缝向上缩成一条线等。做好配种后 18～65d 内的复发情检查工作。若没有妊娠，则抓紧在下次发情时配种。如果母猪已经妊娠，则加强其饲养管理。简单易行的判断方法：一是如果母猪配种后 21d 左右没再出现发情；二是母猪食欲增加，增膘明显，被毛有光泽，性情温驯，行动沉稳，喜睡，尾巴自然下垂，阴户缩成一条线，驱赶时夹着尾巴走路等现象，则基本上确定已经妊娠。

（3）避免环境高温。孕期降温是炎热季节必不可少的管理措施。

（4）适当运动。全期小圈混养（每圈 4～5 头），中期定时放出舍外活动。

（5）作好免疫接种。按《免疫程序》做好各种疫苗的免疫接种工作，预防烈性传染病的发生，预防中暑，防止机械性流产。

（6）妊娠母猪临产前一周转入产房，转入前冲洗消毒，并同时驱体内外寄生虫。

三、日常工作程序

上午：上班→检查栏舍和猪群→放尽食槽积水→饲喂→观察采食情况和检查预产猪→扫栏→清扫散料→环境卫生→食槽放水→赶猪→检查和治疗→下班。

下午：上班→检查栏舍和猪群状况→放尽食槽积水→饲喂→观察采食情况→扫栏→清扫散料→放水冲沟→检查→下班。

第五节　分娩和哺乳母猪的饲养管理

按计划完成母猪分娩产仔任务；哺乳期成活率 95% 以上；仔猪 3 周龄断奶平均体重 6.0kg 以上，4 周龄断奶平均体重 7kg 以上。

一、产前准备

（一）产房消毒

先清扫猪圈内污物包括仔猪料槽，再用水冲洗，干燥后用 2%、的烧碱水（最廉价且效果好）或质量可靠的消毒药水彻底消毒晾干备用。有条件的用熏蒸消毒则更彻底。

（二）猪体清洗消毒

产前 7 天将妊娠母猪移入产房、移入前应将母猪全身洗刷干净，用 0.1% $KMnO_4$ 消毒水清洗母猪的外阴和乳房。

（三）用具准备

产前应准备好照明灯、碘酒（浓度 5%）、高锰酸钾、干净毛巾、剪刀，冬季和早春还应准备保温箱和红外灯等。

（四）环境控制

产房温度最好控制在 25℃ 左右，湿度 65%～75%，产栏安装滴水装置，夏季头颈部滴水降温。

（五）产前饲喂

产前产后 3d 母猪减料，以后自由采食，产前 3d 开始投喂维力康或小苏打、芒硝，连喂 1 周，分娩前检查乳房是否有乳汁流出，以便做好接产准备。

（六）产前保健

产前肌注德米先等长效土霉素 5 毫升。

二、母猪接产

（1）仔猪生下后立即断脐、擦干、称重、吃初乳，24h 内剪犬齿、打标号。

（2）及时将母猪排出的胎衣取走。12h 内不必喂全价饲料，但必须保证充足的饮水（冬季用温水），并在水中加入少量麦麸和食盐。

（3）仔猪出生后，应尽早吃第一次初乳，最好在出生后 3h 内，这时仔猪吸收初乳中的抗体效果最好。在喂仔猪初乳前，用 0.1% 的高锰酸钾水溶液擦洗母猪乳房乳头，并且先挤出乳头中的一乳汁，然后再喂仔猪初乳，以减少细菌感染仔猪的机会。

（4）母猪产后用抗菌药或中草药消炎，促进恶露排出，防止乳房炎的发生。

（5）助产：如胎衣破半小时仍不产下仔猪，可能为难产，产下几头仔猪后，如超过 1h 未产下一头仔猪也需要进行助产处理。出现难产的处理方式采用注射催产素和掏猪两种方法。一般年龄大体格瘦弱的母猪在产后期出现努责无力，可采用注催产素方法；而长时间努责却产不出猪则可能是胎儿过大或两仔猪挤在一起或胎位不正，则应采取人工掏猪的方法。

（6）假死猪的急救几种方法：①消除口鼻中的黏液，用一手托臂，一手托肩做人工呼吸；②对准鼻子吹气；③将仔猪浸于 40℃ 温水中，口鼻在外，约 30min 后复活。

三、哺乳母猪的饲养

（一）满足哺乳母猪营养需要

根据饲养标准配制母猪营养需要的饲料，在饲喂喂母猪多喂青饲料，或者饲料里添加复合维生素添加剂或微量元素添加剂。

（二）饲喂方式

母猪产前 1~2d 减料，产仔 3d 迅速恢复正常饲养。分娩当天不喂料，分娩后第一天上午喂 0.5kg，第二天上午 1.0kg，下午 1.0~1.5kg（如果需要），第三天上午 1.5kg，下午 1.5kg（如果需要），以后逐渐增加。

（三）提高母猪泌乳期间的饲养方法

（1）降低母猪妊娠期间的饲料供给量。

（2）增加母猪泌乳期间日粮蛋白水平，在实际生产当中泌乳母猪日粮中粗蛋白含量不低于 15%（赖氨酸 0.7%）。

（3）增加饲料中能量的含量，如加植物油 2%~4%。

（4）增加饲喂次数，采用自由采食。

（5）使用潮拌料，供给母猪充足的饮水（每头母猪每日 20~25L）。

（6）控制猪舍内小环境，注意夏天降温。

（四）哺乳母猪投料规则

时间（产后）	喂料量（kg）
第一天	0
第二天	0.5
第三天	1.5
第四天	3.5
第五天	4.0
第六天到断奶前 6d	自由采食（不浪费）
断奶前 5d	4.5
断奶前 4d	4.0
断奶前 3d	3.5
断奶前 2d	3.0
断奶前 1d	2.5
断奶当天	0

备注：每头母猪需带 9 头奶猪

四、哺乳母猪的管理

（1）上产床前对母猪乳头进行清洁消毒，洗去身上污物，不让任何东西带上产床，特别注意的是蹄部的冲洗消毒；哺乳期间也应保持乳头的清洁卫生。

（2）在保证仔猪温度需要的前提下，将舍温适当调低至 20℃左右，以保证母猪采食量正常。

（3）产仔舍以保温为主，但也要注意适当的通风换气，排除过多的水汽、尘埃、微生物、有害气体（如 NH_3、H_2S、CO_2 等），但必须防止贼风，同时，注意通风时控制气流速度在 0.1m/s 以下，且风速均匀、平缓。

（4）母猪哺乳时必须保证环境安静，噪声小有利于泌乳和仔猪吃奶，否则，对母仔都有不利影响；对母猪要温和，不能吆喝和鞭打。

（5）母猪舍应保持清洁干燥，高床漏缝地板饲养，不宜用水带猪冲洗网床，床下粪污每天清扫两次，若水冲则注意防止水溅到网床上；猪排便后，立即清除，产床上不留粪便。如母猪沾上粪便，应立即用消毒抹布擦净。

（6）每天注意观察母猪有无乳房炎、无乳症、便秘等疾病，或食欲是否旺盛，精神是否较好，身体是不是过瘦等。

（7）合理的保健措施：如母猪产前产后药物预防等，可有效地预防疾病的侵害。

（8）及时填写哺乳母猪卡片：记录记载母猪品种、耳号、胎次、产仔日期、产仔数以及母猪分娩情况、哺育泌乳与健康状况、转入转出数等。对上述观察中发现的异常母猪应做好各种记录，以提供给兽医和管理技术人员作参考并采取相应措施。

第六节 哺乳仔猪的饲养管理

一、仔猪出生时的管理

（一）称重、打耳号、剪牙、断尾

新生仔猪要在 24h 内称重、打耳号、剪牙、断尾。断脐以留下 3cm 为宜，断端 5% 碘酊消毒；打耳号时尽量避开血管处，缺口处要 5% 碘酊消毒；剪牙钳 5% 碘酊消毒后齐牙根处剪掉上下两侧犬齿，弱仔不剪牙；断尾时，尾根部留下 3cm 处剪断，5% 碘酊消毒。

（二）及早吃上初乳

在仔猪出生后的 24h 内，应使仔猪吃到充足的初乳。人工哺育仔猪，至少要让母猪喂给 2～3d 的初乳。

（三）固定奶头

3d 内固定奶头

（四）仔猪的保温

寒冷季节，哺乳仔猪要用保温箱和红外灯等设备保暖，为其提供适宜的环境温度，仔猪保温箱内温度可由初生时的 32～35℃ 逐渐降到断奶时的 23～25℃。仔猪适宜的环境温度为 1～3 日龄 30～32℃；4～7 日龄 28～30℃；8～30 日龄 22～26℃。

（五）适当湿度

使猪舍的湿度保持在 50%～80%。特别是仔猪阶段相对湿度达 80% 以上时，仔猪容易发生下痢。另一方面长时间处于干燥，再加上换气不良，猪也易患呼吸道疾病，故应努力保持适当湿度。

（六）仔猪寄养

多出的仔猪送给大致同期分娩的其他母猪去哺育。寄养仔猪在生后尽早进行，且生母和养母的分娩日期越相近越好，仔猪间日龄相差不超过 3d，寄养仔猪时，要用养母的尿、乳汁等擦抹养子全身，使养子具有和养母相同的气味，并在夜间放进养母的仔猪群中。寄养仔猪第一次哺乳时，要细心观察，以防养母伤害寄养仔猪。

（七）补铁预防贫血

仔猪初生后 2d 内注射铁血龙或富来血、牲血素等铁剂 1ml，21d 左右再注射铁剂 1ml，预防贫血。

（八）去势

不留作种用的，母猪（20～90）日龄阉割，公猪（7～14）日龄去势。仔猪完全固定后，先用肥皂洗净手术部位及其周围，再用酒精棉花擦拭后涂碘酒消毒，手术时以左手拇指与食指压紧阴囊，右手执手对睾丸位置，开一长口 1～2cm 切断之，用同一方法再割除另一睾丸，手术后用消毒棉或是纱布擦拭创口及其周围，然后涂些稀碘酒。伤口部分不必缝合。

（九）仔猪的教槽及给水

补料方法为 7 日龄诱食，14 日龄满槽，21 日龄旺食。勤添少添，晚间要补添一次料。每天补料次数为 4 次或 5 次。采用自动饮水器供仔猪饮水。

（十）断奶

仔猪 35 ~ 49 日龄断奶，一次性断奶，不换圈，不换料。断奶前后连喂 3d 开食补盐以防应激。断奶后一周，逐渐过渡饲料，断奶头两天注意限料，以防消化不良引起下痢。

二、预防哺乳仔猪下痢

（1）产前 30d 应给母猪注射传染性胃肠炎、流行性腹泻、轮状病毒疫苗和黄痢、白痢工程菌 K88、K99。

（2）母猪进产房前一周，产房应清洁消毒，进产房时母猪也应清洗消毒。

（3）仔猪保健，应用中西药预防和治疗仔猪腹泻。一窝仔猪口服链霉素一支 + 两卡那霉素两支。黄白痢发生严重的猪场可连用 3 ~ 5d。或口服油痢生（8501）按每千克体重 50ml 服用。还可用拜有利和口服宝康素。

（4）仔猪吃初乳前应用 0.1% 的高锰酸钾擦净乳头，并挤出几滴奶水后方可喂猪。

（5）严格按照哺乳母猪的饲养标准配料和喂料，防止第一周乳汁过多浓造成仔猪下痢，不要喂母猪霉变饲料以免造成仔猪下痢。

（6）清洁卫生、干燥、通风和适宜温度，忌用水冲。分娩栏每次扫除粪便后，宜用拧干消毒液的拖把擦干净。

（7）如发生下痢，杀死病毒和清除应同时进行，地面饲养时可用石灰粉撒在黄白痢上面，并立即清除，分娩栏用拧干消毒液的拖把擦干净。

第七节　断奶仔猪饲养管理

断奶仔猪成活率 97% 以上；7 周龄转出体重 14kg 以上；9 周龄转出体重 20kg 以上。

一、断奶仔猪的饲养

（一）饲料过度

饲料转换时，一定要采取过渡措施，在第 4d 完全转为后期料，转料过程中适当控料，喂量为平时的七八成。

（二）饲喂方式

刚转入保育舍的断奶仔猪要控制喂料，逐步增加采食量，并且少喂多餐，使仔猪经常保持食欲，然后根据仔猪采食情况而增加每次的喂量，5 ~ 7d 后可转入自由采食。在最初 2 ~ 3d，最多喂原来喂量的八成，然后逐步加大喂料量，直到自由采食。最初两周每天喂 4 次，每次加料前 0.5 ~ 1h 最好是上次喂料仍有少许留余。以后每天喂 2 次，做法一样。头两天注意限料，以防消化不良引起下痢。以后自由采食，勤添少添，每天添料 3~4 次。

二、断奶仔猪的管理

（一）创造适宜环境

刚转入的断奶仔猪，必须要保证 25℃ 以上的环境温度。细心观察仔猪的行为，如果猪群堆叠说明栏舍过冷，如果猪群分散开着睡在地板上说明栏舍温度过高。假如同批次猪群只有部分猪只堆叠，必须要考虑是否病态。保育舍保温的同时，必须要兼顾一定的通风，否则，会刺激呼吸道疾病的发生。刮北风就开南窗，刮南风就开北窗，不刮风就要开两边窗，环境气温低就半闭窗户。晚上根据气候变化关窗，以免仔应激受寒。

（二）疫苗注射

严格按照免疫程序及时免疫，每个栏使用一个针头，确保每头仔猪注射足够的剂量。体表驱虫需要在出栏前一周完成，使用螨净或倍特等高效杀虫剂。

（三）合理分群

将断奶仔猪根据"留强不留弱、拆多不拆少、夜并昼不并"的原则进行合理分群，转入保育栏；尽量将同窝的仔猪并入同一栏，对不同群的仔猪并栏后喷洒低浓度的农福，清除气味差异，并后饲养人员要多加观察（此条也适合于其他猪群），以防打架。将断奶仔猪转入保育舍，并按性别、大小或其他临时要求分群分栏饲养，保育舍内饲养密度为 0.3~0.5m²/头，每栏 22~24 头。

（四）保持清洁卫生

保持圈舍卫生，加强猪群调教，训练猪群吃料、睡觉、排便"三定位"。尽可能不用水冲洗有猪的猪栏（炎热季节除外）。注意舍内湿度。及时清扫栏舍，清扫走道的粪便、边墙风扇，房顶蜘蛛网等，铲去留在栏内的水泥板上的粪便，必要时撒上石灰粉。

（五）预防腹泻

选用药物饲料添加剂或中草药粉碎添加于饲料中，预防仔猪下痢。

（六）加强观察

观察仔猪的生长、活动、采食和粪便，发现病、弱、僵猪后，将其并入一栏，及时治疗；发现食欲差、消化不良、生长缓慢的仔猪，应添加 1%~3% 的柠檬酸水、酶制剂、多种维生素等。

（七）日常管理

检查设备并作必要的维修。检查饲料槽和饮水器（与检查猪群同时进行）清弃发霉、结块饲料，用插支搅动每个槽的出口，使出料顺畅；饮水器是否堵塞、漏水。进行消毒，注射疫苗、驱虫，调整猪群等其他工作。每周消毒两次，每周消毒药更换一次。整理记录好生产记录，及时上报当天仔猪死亡的情况。按免疫程序要求注射各种疫苗，并做好记录。

（八）日常工作程序

上班→检查室温、气味、猪群有无异常→饲喂→观察采食情况→扫栏→扫饲料→放水、冲沟（下午）→环境卫生→检查、治疗病猪→下班。

第八节 生长育肥猪的饲养管理

育成阶段成活率≥99%；饲料转化率（15~90kg 阶段）：≤2.7:1；日增重（15~90kg 阶段）：≥650kg；生长育肥阶段（15~95kg）饲养日龄≤119d（全期饲养日龄≤180d）。

一、生长肥育猪的饲养

（一）饲料的调制

将肉猪按体重划分（15~30）kg、（30~50）kg、（50kg~出栏）等 3 个生长阶段，依据相应的营养需要，配制配套的全价饲料。饲料可调制加工成各种形态，有全价颗粒料，湿拌料和干粉料等等。粉料湿拌，以吃饱不剩料为原则。

（二）饲喂方式

猪的饲喂方式有自由采食和限量饲喂两种。（15~30）kg 前期自由采食，保证一定的日增重，（30kg 至出栏）后期限量饲喂，提高饲料报酬和瘦肉率。小猪 15~30kg 喂小猪料，30~50kg 喂中猪料，50kg 至出栏喂大猪料，喂料时参考喂料标准，以每餐不剩料或少剩料为原则。在正常情况下按以下标准进行饲喂（表 4-5）。

表 4-5

猪体重	投喂量（kg/头·d）	青饲料或牧草（kg/头·d）
15~20kg	0.9	0.2
20~25kg	1.0	0.4
25~30kg	1.2	0.6
30~35kg	1.3	0.8
35~40kg	1.4	1.0
40~45kg	1.5	1.2
45~50kg	1.8	1.4
50~55kg	1.9	1.6
55~60kg	2.0	1.8
60~70kg	2.1	2.0
70~80kg	2.2	2.0
80~96kg＜母＞	2.2	2.0
80~96kg＜公＞	2.3	2.0

说明：①全天平均温度低于 12℃，从 70kg 开始每阶段增加投喂量 0.1kg/d（12 月下旬至 3 月中旬）；②全天平均温度高于 30℃，从 70kg 开始每阶段减少投喂量 0.1kg/d（6 月下旬至 9 月中旬）

（三）饲喂次数

采用三餐制，定时饲喂。一天以早中晚 3 次喂猪，以傍晚食欲最旺，午间最差，早晨居中，料的给量依次为 35%，25%，40% 为好。

二、生长肥育猪的管理

（一）消毒

转入猪前，空栏要彻底冲洗消毒，空栏时间不少于 3d。每周消毒 1 次，每周消毒药更换 1 次。并检查饲槽，饮水器是否符合要求。

（二）合理分群

生长育肥猪一般采用群饲，为了避免合群时争斗，最好以同一窝为一群，如需混群并窝，应按来源，体重等相近的仔猪合群。分群还应注意猪群的大小和饲养密度，猪群一般以 10 ~ 20 头为宜。

（三）温度

生长肥育猪的最佳温度是 20℃，此时生产性能最佳。按季节温度的变化，调整好通风降温设备，经常检查饮水器，做好防暑降温等工作。夏季要防暑降温，对 30kg 以上的猪可采用淋浴、泼水、喷洒、排风等措施降温。冬季需要保温。

（四）保持圈舍卫生，加强猪群调教

及时对并栏后的猪群进行"吃、睡、便"三定位调教，以保证栏内清洁干燥。每天打扫猪舍，定期消毒，干粪便要用车拉到化粪池，然后再用水冲洗栏舍，冬季每隔一天冲洗 1 次，夏季每天冲洗 1 次。饲养人员还应及时做好猪的调教工作，使猪养成吃食，睡觉，排便三角定位的习惯，保持栏舍清洁干燥。

（五）定时观察

每天早晨或喂料的时候要观察有没有猪只食欲不好，或表现出明显的症状。清理卫生时注意观察猪群排粪情况；休息时检查呼吸情况，发现病猪，对症治疗，严重病猪隔离饲养，统一用药。

（六）驱虫

整个肥育期可驱虫两次，肥育开始及体重达 50kg 时两个时间。

（七）适时出栏，实行"全进全出"管理制度

根据市场行情，适时出售，实行全进全出制管理，建议在 95 ~ 100kg 出栏。

（八）良好的记录

对每批猪务求有一个精确的记录，如日增重，上市日龄，每千克增重成本，料肉比等等。

（九）日常管理

料槽应每天清理一次，避免长时间积存造成饲料结块变质。每天检查饮水系统，保证清洁水供应。每天巡视猪只健康状况，对发育不良、体重相差 20% 之猪调出饲养。对于病猪，协助转栏治疗。

三、建立质量安全追溯制度

（1）建立各种记录档案，包括完整的饲料、饲料添加剂、兽药采购、使用记录，

生猪健康档案，免疫和消毒记录，生猪转栏出栏记录等。

（2）建立生猪疫情监测档案，定期或不定期对猪群进行主要疫病的监测并记录。

（3）建立饲料、饲料添加剂和兽药等投入品和生猪质量安全监测档案，定期或不定期地对投入品的质量安全状况和育成阶段生猪体内有害物质残留状况进行监测并记录。

第九节　主要生产指标

生长育肥猪180日龄体重达75kg；出栏适宜体重75kg；瘦肉率40%～142%；屠宰率70%。母猪性成熟（90～100）日龄，公猪性成熟（122～138）日龄，窝产仔数（10～13）头（图4-2）。

图4-2　土猪育肥

第五章　舜皇山土猪疫病防治

第一节　养猪场防疫技术规范

一、防疫条件

（1）猪场应符合动物防疫法及相关规定的条件。

（2）猪场应取得《动物防疫条件合格证》。

（3）猪场的水源、空气质量、环境应符合 NY/T 388 等相关标准。

（4）猪场应建在地势平坦干燥、背风向阳和村庄的下风向，易于组织防疫的地方。

（5）猪场应距铁路、公路、城镇、居民区、学校、医院等公共场所及其他畜禽养殖场或养殖小区 1 000m 以上；距屠宰场、畜产品加工厂、垃圾及污水处理场所、风景旅游以及水源保护区 2 000m 以上。猪舍距围墙不少于 10m。

（6）猪舍之间一般间距 8m 以上，猪舍建筑要符合防疫流程，满足防疫、通行、排污的要求。场内道路分净道和污道，两者严格分开，不得交叉与混用，配套建设明暗隔离沟；有统一的粪污排放、贮存、清理、处理设施，配套建设沼气池、贮粪池。

（7）场内生活区、污水粪便处理设施和病死猪处理区应在生产区的下风向或侧风向处。

（8）猪场应设置兽医室，配备与生产规模相适应的专职兽医人员、必需的检验消毒仪器设备和疫病防治、化验、消毒等药品。

二、防疫管理

（一）生猪进场要求

（1）引进种猪应严格按照引种审批和 GB 16567 的规定执行，不得从疫区引进种猪。引进的种猪，应隔离 15～30d，经兽医检查确定为健康合格后，方可供生产使用。

（2）引进育肥仔猪时，应从无一二类传染病的猪场引进，并按规定进行严格隔离观察。

（二）日常管理

（1）猪场应实行单元式或全进全出制的饲养方式。一栋猪舍一个批次。每批猪出栏后，圈舍应空置 14d 以上，并进行彻底清洗、消毒。

（2）猪场内不得饲养其他动物，舍内要有防鼠、防虫、防苍蝇等设施。

（3）舍内的温度、湿度、气流（风速）、光照、饲养密度，应满足猪只不同饲养阶段的需求。

（4）保持圈舍卫生，料槽、水槽用具干净，地面清洁。经常检查饮水设备，观察猪只健康状态。

（5）饲料要满足猪只的营养需要，防止饲料污染腐败，禁止饲喂泔水。在换料时要有适当的过渡适应期。

（6）严禁场内兽医人员在场外兼职。

（7）严格控制人员进入生产区；须进入生产区的人员应更换服装鞋帽，严格消毒。

（8）猪场大门处应设置供出入车辆消毒与大门通宽、长4～5m、深0.2～0.25m的水泥结构消毒池，每个单元和每栋猪舍门口、兽医室及病猪隔离区门口均要设置与门宽、长0.5～1m的消毒池或设置消毒盆，保持消毒药水的有效浓度。同时，要设置供出入人员更衣、消毒的更衣消毒室和值班室。

（9）猪场要建立防疫管理制度，包括：进入猪场人员物品管理制度、猪只出入场管理制度、兽药购进使用管理制度、卫生防疫制度、消毒制度、病死畜无害化处理制度、疫情监测登记报告制度、疫病控制措施等。

三、疾病防治

（一）免疫

（1）猪场应根据《中华人民共和国动物防疫法》及其配套法律法规的要求，结合当地动物疫病流行情况，制定合理的免疫程序，选择适宜的疫苗和免疫方法，进行疫病的预防接种。

（2）猪场所用疫苗必须采用农业部批准使用的产品。

（3）对国家规定的猪瘟、口蹄疫、猪高致病性猪蓝耳病等强制免疫的病种，应在当地动物疫病预防控制机构的指导下，严格按照免疫操作规程开展免预防接种工作，免疫密度必须常年保持100%，有效免疫抗体合格率常年保持在70%以上。有条件的猪场，应根据免疫抗体监测结果，实施补免。

（4）生猪必须加施畜禽免疫标志，并录入免疫信息。

（5）免疫用具使用前后和注射部位应严格消毒；一猪一针头，防止交叉感染。

（6）疫苗的保存、运输和使用严格按照说明书要求操作。剩余或废弃的疫苗以及使用过的疫苗瓶应按GB 16548的规定处理。

（二）兽药的使用

（1）兽药的使用应符合《兽药管理条例》的规定。

（2）保持良好的饲养管理，尽量减少疾病的发生，减少药物的使用量。

（3）育肥后期的商品猪，尽量不使用药物，必须治疗时，严格执行药物休药期。

（4）有条件的猪场可根据药物敏感试验结果，选择使用最佳抗菌药物在猪群可能发病的年龄、疫病可能流行的季节、或在发病的初期对相关猪群进行群体投药预防。

（三）消毒

（1）生产区应每周消毒一次。疫病流行期间，应增加消毒次数。

（2）根据消毒药的特性和场内卫生状况选择安全、高效、低毒低残留的消毒药，定期更换消毒药。

（3）每批猪调出后，对该舍立即彻底清扫、冲洗和严格消毒。

四、疫病监测

猪场应配合当地动物疫病控制中心进行流行病学调查和采样监测工作。有条件的猪场可开展实验室监测。

五、疫病的控制和扑灭

（1）猪场发生疫病或怀疑发生疫病时，应按规定报告，并采取相应的临时隔离措施。对疫点实施隔离、监控，禁止生猪、生猪产品及有关物品移动，并对其内、外环境实施严格的消毒措施。必要时采取扑灭等无害化处理措施。

（2）确诊疫病后，按照相关规定执行。

（3）对全场进行彻底清洗消毒，消毒按 GB/T 16569 执行。

（4）病死或淘汰猪按 GB 16548 进行无害化处理。

六、记录记载

（1）猪场要建立防疫档案，并专人负责档案记录的管理，档案保存期限按有关规定执行。

（2）档案内容包括猪只来源，兽药使用，消毒，监测，免疫，实验室检测及结果，发病死亡、无害化处理情况，销售记录等。

第二节　猪场卫生防疫制度

为了搞好猪场的卫生防疫工作，确保养猪生产的顺利进行，向用户提供优质健康的种猪或商品猪，必须贯彻"预防为主，防治结合，防重于治"的原则，杜绝疫病的发生。现制定以下《猪场卫生防疫制度》，请全场员工及外来人员严格执行。

一、猪场防疫制度

（1）猪场分生产区和非生产区，生产区包括养猪生产线、出猪台、解剖室、流水线走廊、污水处理区等。非生产区包括办公室、食堂、宿舍等。

（2）非生产区工作人员及车辆严禁进入生产区，确有需要者必须经场长或主管兽医批准并经严格消毒后，在场内人员陪同下方可进入，只可在指定范围内活动。

二、生活区防疫制度

（1）生活区大门应设消毒门岗，全场员工及外来人员入场时，均应通过消毒门岗，消毒池每周更换两次消毒液。

（2）每月初对生活区及其环境进行一次大清洁、消毒、灭鼠、灭蚊蝇。

（3）任何人不得从场外购买猪、牛、羊肉及其加工制品入场，场内职工及其家属不得在场内饲养禽畜（如猫、狗）。

（4）饲养员要在场内宿舍居住，不得随便外出；场内技术人员不得到场外出诊；不得去屠宰场、其他猪场或屠宰户、养猪户场（家）逗留。

（5）员工休假回场或新招员工要在生活区隔离2d后方可进入生产区工作。

（6）搞好场内卫生及环境绿化工作。

（7）生产线内工作人员，不准留长指甲，男性员工不准留长发，不得带私人物品入内。

（8）生产线每栋猪舍门口，产房各单元门口设消毒池、盆，并定期更换消毒液，保持有效浓度。

（9）制定完善的猪舍、猪体消毒制度（详见消毒制度）。

（10）杜绝使用发霉变质饲料。

（11）杜绝使用发霉变质饲料。

（12）对常见病做好药物预防工作（详见药物预防制度）。

（13）做好员工的卫生防疫培训工作。

（14）生产线员工必须经更衣室更衣、换鞋，脚踏消毒池、手浸消毒盆后方可进入生产线。消毒池每周更换两次消毒液，更衣室紫外线灯保持全天候开着状态。

三、车辆卫生防疫制度

（1）运输饲料进入生产区的车辆要彻底消毒。

（2）运猪车辆出入生产区、隔离舍、出猪台要彻底消毒。

（3）上述车辆司机不许离开驾驶室与场内人员接触，随车装卸工要同生产区人员一样更衣换鞋消毒。

四、购销猪防疫制度

（1）从外地购入种猪，须经过检疫，并在场内隔离舍饲养观察40d，确认无病健康猪，经冲洗干净并彻底消毒后方可进入生产线。

（2）出售猪只时，须经兽医临床检查无病的方可出场。出售猪只只能单向流动，如质量不合格退回时，要作淘汰处理，不得返回生产线。

（3）生产线工作人员出入隔离舍、售猪室、出猪台时要严格更衣、换鞋、消毒，不得与外人接触。

五、疫苗保存及使用制度

（1）各种疫苗要按要求进行保存，凡是过期、变质、失效的疫苗一律禁止使用。疫苗用冷藏设备保存，严格消毒免疫用具。

（2）免疫接种必须严格按照公司制定的《免疫程序》进行。

（3）免疫注射时，尽量不打飞针，严格按操作要求进行。

（4）疫苗开启后4h内用完，废弃的疫苗及使用过的疫苗瓶须无害化处理。

（5）做好免疫计划、免疫记录。建立并保存免疫档案。包括受免猪只的耳号、免疫时间、疫苗生产厂家及生产批次、剂量、用药方法等。

第三节　猪场免疫程序

一、舜皇山土猪参考免疫程序

舜皇山土猪参考免疫程序，见表5－1。

表5－1　舜皇山土猪参考免疫程序

类别	免疫时间	疫苗名称	用法与用量	备注
仔猪	20日龄	仔猪副伤寒疫苗	口服1头份	
	30日龄	猪瘟疫苗	肌注2头份	
	40日龄	蓝耳病疫苗	见说明	
	60日龄	猪瘟疫苗	肌注2头份	
	60日龄以上	猪"O"形口蹄疫疫苗	见说明	
后备种猪	3月龄	细小病毒疫苗	见说明	
	6月龄	猪瘟、肺疫疫苗	各肌注1头份	
	配种前28d	猪蓝耳病疫苗	见说明	
	冬、春	猪"O"形口蹄疫疫苗	见说明	
成年种猪	配种前15d	猪瘟、肺疫疫苗	各肌注1头份	公猪每半年1次
	配种前7d	猪蓝耳病疫苗	见说明	
	产前21d	大肠杆菌基因工程疫苗	皮下注射2头份	
	每年冬、春	猪"O"形口蹄疫疫苗	见说明	

注：剂量换算与用法，详见药品标签

二、生长肥育猪的免疫程序

（1）1日龄。猪瘟常发猪场，猪瘟弱毒苗超前免疫，即仔猪生后在未采食初乳前，先肌肉注射一头份猪瘟弱毒苗，隔1～2h后再让仔猪吃初乳。

（2）3日龄。鼻内接种伪狂犬病弱毒疫苗。

（3）7～15日龄。肌肉注射气喘病灭活菌苗、兰耳病弱毒苗。

（4）20日龄。肌肉注射猪瘟、猪丹毒二联苗（或加猪肺疫三联苗）。

（5）25～30日龄。肌肉注射伪狂犬病弱毒疫苗。

（6）30日龄。肌肉或皮下注射传染性萎缩性鼻炎疫苗。

（7）30日龄。肌肉注射仔猪水肿病菌苗。

（8）35～40日龄。仔猪副伤寒菌苗，口服或肌注（在疫区首免后，隔3～4周再二免）。

（9）60日龄。猪瘟、肺疫、丹毒三联苗，二倍量肌注。

（10）生长育肥期肌注两次口蹄疫疫苗。

三、后备公、母猪的免疫程序

（1）配种前 1 个月肌肉注射细小病毒、乙型脑炎疫苗。
（2）配种前 20 ~ 30d 肌肉注射猪瘟、猪丹毒二联苗（或加猪肺疫的三联苗）。
（3）配种前 1 个月肌肉注射伪狂犬病弱毒、口蹄疫、蓝耳病疫苗。

四、经产母猪免疫程序

（1）空怀期：肌肉注射猪瘟、猪丹毒二联苗（或加猪肺疫的三联苗）。
（2）初产猪肌注一次细小病毒灭活苗，以后可不注。
（3）头三年，每年 3 ~ 4 月肌注一次乙脑苗，3 年后可不注。
（4）每年肌肉注射 3 ~ 4 次猪伪狂犬病弱毒疫苗。
（5）产前 45d、15d，分别注射 K88、K99、987p 大肠杆菌腹泻菌苗。
（6）产前 45d，肌注传染性胃肠炎、流行性腹泻、轮状病毒三联疫苗。
（7）产前 35d，皮下注射传染性萎缩性鼻炎灭活苗。
（8）产前 30d，肌注仔猪红痢疫苗。
（9）产前 25d，肌注传染性胃肠炎 – 流行性腹泻 – 轮状病毒三联疫苗。
（10）产前 16d，肌注仔猪红痢疫苗。

五、配种公猪免疫程序

（1）每年春、秋各注射一次猪瘟、猪丹毒二联苗（或加猪肺疫的三联苗）。
（2）每年 3 ~ 4 月份肌肉注射 1 次乙脑苗。
（3）每年肌肉注射 2 次气喘病灭活菌苗。
（4）每年肌肉注射 3 ~ 4 次猪伪狂犬病弱毒疫苗。

六、其他疾病的防疫

（一）口蹄疫
常发区：常规灭活苗，首免 35 日龄，二免 90 日龄，以后每 3 个月免疫 1 次。
高效灭活苗，首免 35 日龄，二免 180 日龄，以后每 6 个月免疫 1 次。
非常发区：常规灭活苗，每年 1 月、9 月和 12 月各免疫 1 次。
高效灭活苗，每年 1 月和 9 月各免疫 1 次。
（二）猪传染性胸膜肺炎
仔猪 6 ~ 8 周龄 1 次，2 周后再加免 1 次。
（三）猪链球菌病
成年母猪：每年春、秋各免疫 1 次。
（四）伪狂犬病
仔猪：首免 10 日龄，二免 60 日，或首免出生后 24h，二免断奶后 2 周。
（五）蓝耳病
成年母猪：每胎妊娠期 60d 免疫 1 次灭活苗。

仔猪：14~21 日龄免疫 1 次弱毒苗。

成年公猪：每半年免疫 1 次灭活苗。

后备猪：配种前免疫 1 次灭活苗。

备注：上述免疫程序仅供参考，每个猪场应根据各自的实际情况，疾病的发生史以及猪群当前的抗体水平高低制定自己的免疫程序。免疫的重点是多发性疾病和危害严重的疾病，对未发生或危害较轻的疾病可酌情免疫。

但免疫程序一旦确定，就要在 1~2 年内相对稳定，要严格执行。

大型猪场不提倡季节性免疫，而是按生产流程分猪群分阶段分批次规律性免疫。

七、免疫监测

要求定期采样，通过了解抗体效价，选择最佳的免疫时机，为评价免疫效果提供依据，最少一个季度搞一次。对重大疫病定期进行血清抗体检测，根据检测结果调整免疫程序。采样根据：依群体大小和日龄来定，一般小群体不低于 20 份/次，大群体 5‰左右。饲料、饮水每季度监测一次。

第四节　猪场寄生虫病防治技术规范

一、重点防控的寄生虫病

根据湖南省规模化猪场寄生虫流行区系调查结果，确定以下优势虫种为重点防控对象。

（1）猪蠕虫病，包括绦虫蚴病、线虫病、大棘头虫病。

（2）猪螨虫病。

二、防治原则

根据我省规模化猪场寄生虫流行区系及流行病学规律，对确定的重点寄生虫病实施集中定期驱治的防治原则。

（一）驱虫药物的选择

（1）药物的选择和使用必须符合《中华人民共和国兽药典》《中华人民共和国兽药规范》《兽药质量标准》（第一册）（第二册）和《进口兽药质量标准》的相关规定。所用兽药必须来自具有《兽药生产许可证》和产品批准文号的生产企业，或者具有《进口兽药许可证》的供应商。所用兽药的标签应符合《兽药管理条例》的规定。同时，要符合《绿色食品兽药使用准则》《动物性食品兽药最高残留限量》《食品动物禁用的兽药及其他化合物限量》中的相关规定。

（2）选用的驱虫药要符合高效、广谱、安全、价廉、使用方便的原则。

（3）定期预防性驱虫，要选择对优势虫种有效的药物，如一种药物不能满足要求，可以选择 2 种或 2 种以上药物同时使用。

（二）驱治程序和措施

1. 蠕虫病

（1）外引猪。新购进仔猪全群驱虫一次，2个月后再驱虫1次。

（2）自繁自养猪。仔猪断奶分窝前驱虫一次，以后每隔2个月驱虫1次。

（3）种猪。育成种猪转群前驱虫一次，空怀母猪、后备母猪配种前一周驱虫1次，妊娠母猪分娩前15d驱虫1次。种公猪一年驱虫4次，平均每3个月驱虫1次。

2. 螨虫病

发现病猪后要及时隔离并进行治疗，可以根据发病情况选择药淋、口服给药、注射给药方法，必须治疗两次，第二次治疗在第一次治疗后的第8d进行，在对猪体螨虫病治疗的同时，必须对猪舍环境进行彻底杀虫。

3. 防治要求

（1）人员要求。防治工作要由规模化猪场兽医专业技术人员承担，兽医专业技术人员要经过相关的技术培训，要严格按照操作规程执行，要做好人猪防护安全。

（2）设施、设备要求。要有完好的药淋设备，并严格按操作要求使用。

（3）引进猪要求。新引进的猪按GB 16567的规定执行。

（4）驱前、淋前要求。驱前、淋前要求先进行小群试验，确认安全后再进行大群驱虫、药淋。

对猪场内犬的驱虫，由于猪绦虫蚴病（细颈囊尾蚴病、棘球蚴病）主要由犬传播，所以，必须对猪场内的犬进行驱虫。一年进行6次驱虫，每2个月进行1次。

驱虫猪、犬应在清晨空腹投药，药淋前猪要饮足水。

4. 其他技术要求

（1）药物配制、使用剂量和使用方法要严格按照使用说明书进行。

（2）犬驱虫后，在排虫期内（5d），要定点拴养，收集粪便和虫体进行发酵处理。

（3）休药期要严格按照说明书执行。

（4）驱虫过程中，应跟踪观察，发现中毒情况应及时采取解毒等治疗措施。

三、粪便、尸体、废弃物（液）的处理

（1）及时清除圈舍内的粪便，对粪便进行集中堆积发酵处理。

（2）病猪尸体及废弃物按GB 16548规定执行。

（3）药淋后废药液按GB 18596规定执行。

四、监测评价

（一）监测抽样

1. 抽样数量

群体监测，抽样面为总场数的20%。

猪场监测，种猪场抽检数量为20～100头，存栏量在5 000头以下的商品猪场抽检数量为50～150头，存栏量在5 000头以上在商品猪场抽检数量为150～300头。

2. 抽样比例

仔猪30%，育肥猪40%，种猪30%。

（二）线虫病、棘头虫病的监测

1. 监测时间

育肥猪在第二次驱虫后半个月进行1次监测或在屠宰时监测，种猪一年进行2次监测，春秋各进行1次。

2. 监测方法

采用粪便检查虫卵、幼虫的方法，对屠宰的猪采用全身性蠕虫学剖检法进行检查。

（三）对猪绦虫蚴病监测

1. 监测时间

日常屠宰时随时进行检查。

2. 监测方法

宰后对肝、肺、肠系膜、大网膜等器官进行检查。

（四）对螨虫病的监测

1. 监测时间

冬春高发季节进行监测。

2. 监测方法

根据临床症状，刮取病变部位皮屑、用皮屑溶解法处理后在显微镜下检查。

（五）对犬绦虫病的监测

1. 监测时间

每年春秋各监测1次。

2. 监测方法

采用粪便检查孕卵节片和虫卵的方法进行。

（六）监测指标及计算方法

1. 防治（驱虫）密度

$$防治（驱虫）密度（\%）=\frac{防治（驱虫）猪的数量}{猪的总数量}\times100$$

2. 寄生虫感染率

$$寄生虫感染率（\%）=\frac{感染某种寄生虫猪的数量}{抽检猪的数量}\times100$$

3. 寄生虫感染强度

寄生虫感染强度指抽检猪中感染某种寄生虫的数量的多少，用最小数量和最多数量区间表示。

4. 虫卵减少率

$$虫卵减少率（\%）=\frac{驱虫前每克粪便中的虫卵数-驱虫后每克粪便中的虫卵数}{驱虫前每克粪便中的虫卵数}\times100$$

5. 虫卵转阴率

$$虫卵转阴率（\%）=\frac{虫卵转阴猪的数量}{抽检猪的数量}\times100$$

第五节　猪场消毒技术规范

一、消毒设施

（1）猪场大门口设置消毒池、消毒间。消毒池为防渗硬质水泥结构，宽度与大门宽度基本等同，长度为进场大型机动车车轮一周半长，深度为20cm左右，池顶可修盖遮雨棚，池四周地面应低于池沿。消毒间须装紫外线灯、地面设有消毒垫或设喷淋消毒设施。

（2）生产区人口设置消毒池、消毒间。消毒池长、宽、深与本场运输工具车相匹配。消毒间应开两个门，一侧通向生活管理区，一侧通向生产区；并安装紫外线灯管、室内设有更衣柜、洗手池（盆），地面有消毒垫、更衣换鞋等设施；有条件的猪场可设立沐浴室，供员工沐浴后换穿场内专用工作服、鞋。

（3）猪舍人口处设置消毒池（垫）及消毒盆。

（4）猪场配备喷雾消毒机、火焰喷射器等。

二、常用消毒剂

（一）季按盐类消毒剂（单链、双链）

包括新洁尔灭、洗必泰、度米芬、癸甲溴钱（百毒杀）等，无毒性、无刺激性、气味小、无腐蚀性、性质稳定。多用于皮肤、黏膜、猪体、猪舍、用具、环境的消毒。

（二）卤素类消毒剂

包括漂白粉、二氯异氰尿酸钠、氯胺T、三氯异氰尿酸、次氯酸钠、碘伏等，具有广谱性，可杀灭所有类型的病原微生物。可用于环境、猪舍、用具、车辆、污水、粪便的消毒。

（三）过氧化剂类消毒剂

包括过氧乙酸、高锰酸钾、过氧化氢等，具有广谱、高效、无残留的特点，能杀灭细菌、真菌、病毒等。用于带猪喷雾消毒、饲槽、车辆、环境的消毒。

（四）醛类消毒剂

包括甲醛、聚甲醛、戊二醛等，杀菌谱广、性质稳定、耐贮存、受有机物影响小，常用于处理猪舍、饲料间、仓库及饲养用具表面的熏蒸消毒。

（五）酚类消毒剂

包括苯酚、来苏儿、复合酚、克辽林、农福等，性质稳定、较低温仍有效。常用于空猪舍、场地、车辆及排泄物的消毒。

（六）碱类消毒剂

包括苛性钠、生石灰等，对病毒、细菌的杀灭作用均较强，高浓度溶液可杀灭芽胞。适用于墙面、消毒池、贮粪场、污水池、潮湿和阳光照不到地方的环境消毒。有一定的刺激性及腐蚀性。

（七）酸类消毒剂

包括乳酸、醋酸、硼酸等。毒性较低，杀菌力弱，常以蒸气用作空气的消毒。

（八）醇类消毒剂

如75%乙醇，常用于皮肤、工具、设备、容器的消毒。

三、消毒方法

（一）喷雾消毒

采用规定浓度的化学消毒剂用喷雾装置进行消毒，适用于舍内消毒、带猪消毒、环境消毒、车辆消毒。

（二）浸液消毒

用有效浓度的消毒剂浸泡消毒，适用于器具消毒、洗手、浸泡工作服、胶靴等

（三）熏蒸消毒

利用甲醛与高锰酸钾反应，产生的甲醛气体均匀地弥漫于猪舍内进行熏蒸达到消毒目的，适用于密闭式空猪舍及污染物表面的消毒。熏蒸前先将猪舍透气处封严，温度保持在20℃以上，相对湿度达到60%～80%。福尔马林与高锰酸钾之比为2∶1，每立方米用36%～40%甲醛14～42ml，高锰酸钾7～21g。容器的容积应大于甲醛加水后容积的3～5倍，用于熏蒸的容器应尽量靠近门，操作人员要避免甲醛与皮肤接触。操作时先将高锰酸钾加入陶瓷或金属容器中，再倒入少量的水，搅拌均匀，再加入甲醛后人即离开，密闭猪舍，熏蒸24h以上。

（四）紫外线消毒

用紫外线灯照射杀灭病原微生物，适用于消毒间、更衣室的空气消毒及工作服、鞋帽等物体表面的消毒。

（五）喷洒消毒

喷撒消毒剂杀死病原微生物，适用于在猪舍周围环境、入口、产床和培育床的消毒。

（六）火焰消毒

用酒精、汽油、柴油、液化气喷灯火焰喷射进行瞬间灼烧灭菌，适用于猪栏、猪床、产房、培育舍、地面、墙面等猪只经常接触并可耐高温的地方。

四、消毒制度

（一）日常卫生

每天坚持清扫粪污、冲洗猪圈，保持圈舍地面清洁卫生。尽量做到猪、粪分离，保证舍内清洁干燥，适时通风换气。保持饲槽、水槽、用具干净。

（二）环境消毒

（1）消毒池的消毒液保持有效浓度，大门口、生产区入口处的消毒池每周更换2次或者3次消毒液，猪舍入口处的消毒池、垫消毒液每天更换1次。可选用碱类消毒

剂、过氧化物类消毒剂轮换使用。

（2）场区道路、猪舍周围环境经常清扫，保持场区清洁卫生。可用 10% 漂白粉或 0.5% 过氧乙酸等消毒剂，每半月喷洒消毒至少 1 次。

（3）排污沟、下水道出口、污水池定期清除通顺干净，并用高压水枪冲洗，每 1 ~ 2 周至少消毒一次。

（4）赶猪通道、装猪台、磅秤每次使用前后及时清理、冲洗、消毒。对进场的其他物品均须做好消毒处理。

（5）土壤的消毒。被猪粪及分泌物污染的地面土壤，可用 5% ~ 10% 漂白粉、10% 氢氧化钠溶液消毒。停放过炭疽、气肿疽等芽孢杆菌所致传染病病畜尸体的场所，首先用 10% ~ 20% 的漂白粉或 5% 优氯净喷洒地面，然后将表层土壤掘起 30cm，撒上干漂白粉与土混合，将此表土掩埋。

（三）人员消毒

（1）工作人员进入生产区须经"踩、照、洗、换"消毒程序，（踏踩消毒垫消毒，照射紫外线，消毒液洗手或洗澡，更换生产区工作服、胶鞋或其他专用鞋等）经过消毒通道，方可进入。进出猪舍时，双脚踏人消毒垫，并注意洗手消毒，可选用过氧化物类消毒剂（0.5% 新过氧化氢溶液）、季铵盐类消毒剂（0.5% 新洁尔灭或百毒杀等）。

（2）禁止外来人员进入生产区，若必须进生产区时，经批准后按消毒程序严格消毒。

（3）检查巡视猪舍的工作人员、生产区的配种人员、负责免疫工作的人员，每次完成工作后，用消毒剂洗手，并用消毒剂浸泡工作服，洗涤后熏蒸消毒或在阳光下曝晒消毒。

（4）进出不同圈舍应换穿不同的橡胶长靴，将换下的橡胶长靴洗净后浸泡在另一消毒槽中，并洗手消毒。工作服、鞋帽于每天下班后挂在更衣室内，紫外线灯照射消毒或熏蒸消毒。

（四）物品消毒

进入场区的外来物品，在紫外线下照射 30min 或喷雾或浸泡或擦拭消毒后方可入场；进入生产区的物品再次用消毒液喷雾或擦拭到最小外包装后方可进入生产区使用。

（五）圈舍消毒

1. 新建圈舍消毒

清扫干净、自上而下喷雾消毒。饲喂用具清洗消毒。消毒药可选用碱类、酸类或季铵盐类。

2. 转群或出栏后圈舍消毒

猪舍从上到下喷雾消毒，然后彻底清扫圈舍内外的粪便、垫料、污物、疏通排粪沟。

用高压水枪冲洗圈舍内的顶棚、墙壁、门窗、地面、走道；搬出可拆卸用具及设备（饲槽、栏栅、保温箱）等，洗净、晾干、于阳光下暴晒。

干燥后用消毒剂从上到下喷雾消毒。待干燥后再换另一种类型消毒药剂喷雾消毒，必要时用20%石灰浆涂刷墙壁。将已消毒好的设备及用具搬进舍内安装调试，密闭门窗后用甲醛熏蒸消毒。

3. 带猪消毒

猪只7日龄以后可实施带猪消毒，每周2次，育成猪每周3～4次，育肥猪每周3次；外界疫情严重时每天消毒1次。带猪消毒时选择对人畜安全、无毒无刺激性的消毒药，常用的消毒药有0.1%～0.3%过氧乙酸、0.1%次氯酸钠、0.1%新洁尔灭等。

带猪消毒宜在中午前后进行。冬春季节须选择在天气好、气温较高的中午进行。

消毒时将喷雾器喷头喷嘴向上喷出雾粒，雾粒直径大小应控制在80～120μm，喷雾量以猪体潮湿为度。

母猪进入产房前用温水洗刷污垢，再做猪体喷雾消毒，水洗消毒乳头；猪进入产房后开始每天清除粪便两次，猪体喷雾消毒1次。

（六）用具消毒

食槽、水槽等用具每天进行洗刷，定期消毒，保温箱、补料槽、饲料车等可用0.1%新洁尔灭、0.2%～0.5%过氧乙酸等消毒药进行消毒。防治器械高温消毒或在密闭室内熏蒸消毒。

（七）运输车辆消毒

进出猪场的运输车辆，车厢内外都要进行全面的喷洒消毒，选用对车体涂层和金属部件不损伤的消毒药物，如过氧化物类消毒剂、含氯消毒剂、酚类消毒剂等消毒车身和底盘。外来购猪车辆一律禁止入场，装猪前后严格消毒。

（八）污水消毒

污水可采用漂白粉消毒，一般可按每升污水用加2～5g漂白粉消毒。

（九）粪便消毒

用生物热消毒法，稀薄粪便注入发酵池或沼气池，干粪堆积发酵。

（十）病死猪消毒

病死猪按照GB 16548进行无害化处理，消毒按照GB/T 16569执行。

五、注意事项

（1）消毒时药物的浓度要准确，消毒方法要得当、药物用量要充足，作用时间要充分，污物清除要彻底。

（2）稀释消毒药时一般应使用自来水或白开水，药物现用现配，混合均匀，稀释好的药液不宜久贮，当日用完。

（3）消毒药定期更换，轮换使用。几种消毒剂不能同时混合使用。酚类、酸类消毒药不宜与碱性环境、脂类和皂类物质接触；酚类消毒药不宜与碘、澳、高锰酸钾、过氧化物等配伍；阳离子和阴离子表面活性剂类消毒药不可同时使用；表面活性剂不宜与碘、碘化钾和过氧化物等配伍使用。

（4）使用强酸类、强碱类及强氧化剂类消毒药消毒过的地面、墙壁等用清水冲刷后再进猪。

（5）带猪毒消毒时不可选择熏蒸消毒；带臭味的消毒剂不做猪体消毒或圈舍带猪消毒。

（6）挥发性的消毒药（如含氯制剂）注意保存方法、保存期。使用氢氧化钠、石炭酸、过氧乙酸等腐蚀性强消毒药消毒时，注意做好人员防护。圈舍用氢氧化钠消毒后6～12h用水清洗干净。

六、消毒记录

消毒记录应包括消毒日期、消毒场所、消毒剂名称、消毒浓度、消毒方法、消毒人员签字等内容要求保存2年以上（表5－2）。

表5－2　常用消毒药使用方法

消毒药种类	消毒对象及适用范围	配制浓度
烧碱	大门消毒池、道路、环境 猪舍空栏	3% 2%
生石灰	道路、环境、 猪舍墙壁、空栏	直接使用 调制石灰乳
过氧乙酸	猪舍门口消毒池、赶猪道、 道路、环境	1：200
卫康（氧化＋氯）	生活办公区 猪舍门口消毒池、 猪舍内带猪体消毒	1：1 000
农福（酚）	生活办公区 猪舍门口消毒池、 猪舍内带猪体消毒	1：200
消毒威（氯）	生活办公区 猪舍门口消毒池、 猪舍内带猪体消毒	1：2 000
百毒杀（季铵盐）	生活办公区 猪舍门口消毒池、 猪舍内带猪体消毒	1：1 000

第六节　猪场预防用药及保健

一、初生仔猪（0～6日龄）

目的：预防母源性感染（如脐带、产道、哺乳等感染），主要对大肠杆菌、链球菌等。

推荐药物：

（1）强力霉素、阿莫西林。每吨母猪料各加 200g 连喂 7d。

（2）慢呼清（复方新强霉素）。饮水，每千克水添加 2g；或母猪拌料 1 周。

（3）呼肠舒。每吨母猪料加 1 000g 连喂 7d。

（4）长效土霉素母猪产前肌注 5ml。

（5）仔猪吃初乳前口服庆大霉素、氟哌酸 1～2ml 或土霉素半片。

（6）微生态制剂（益生素），如赐美健、促菌生、乳酶生等。

（7）2～3 日龄补铁、补硒。

二、5～10 日龄开食前后仔猪

目的：控制仔猪开食时发生感染及应激。

推荐药物：

（1）恩诺沙星、诺氟沙星、氧氟沙星及环丙沙星。饮水，每千克水加 50mg；拌料：每千克饲料加 100mg。

（2）新霉素，每千克饲料添加 110mg，母仔共喂 3d。

（3）强力霉素、阿莫西林：每吨仔猪料各加 300g 连喂 7d。

（4）呼肠舒：每吨仔猪料加 2 000g 连喂 7d。

（5）上述方案中都添加维生素 C 或多种维生素或盐类抗应激添加剂。

三、21～28 日龄断奶前后仔猪

目的：预防气喘病和大肠杆菌病等。

推荐药物：

（1）普鲁卡因青霉素＋金霉素＋磺胺二甲嘧啶，拌喂 1 周。

（2）慢呼清（新霉素＋强力霉素），拌料 1 周。

（3）呼诺玢每吨料加 2 000g 连喂 7d。

（4）土霉素碱粉或氟甲砜霉素，每千克饲料拌 100mg，拌料 1 周。

（5）上述方案中都添加维生素 C 或多种维生素或盐类抗应激添加剂。

四、60～70 日龄小猪

目的：预防喘气病及胸膜肺炎、大肠杆菌病和寄生虫。

推荐药物：

（1）呼诺玢或支原净或泰乐菌素或土霉素钙预混剂，拌料 1 周。

（2）喹乙醇拌料。

（3）选用伊维菌素、阿维菌素或帝诺玢、净乐芬等驱虫药物进行驱虫，可采用混饲或肌注。

五、育肥或后备猪

目的：预防寄生虫和促进生长。

推荐药物：

（1）呼诺玢或支原净或泰乐菌素或土霉素钙预混剂，拌料1周。

（2）促生长剂，可添加速大肥和黄霉素等。

（3）驱虫用药，帝诺玢、净乐芬等驱虫药物拌料驱虫。

六、成年猪（公、母猪）

目的：

（1）后备、空怀猪和种公猪。驱虫、预防喘气病及胸膜肺炎。

（2）怀孕母猪、哺乳母猪。驱虫、预防喘气病、预防子宫炎。

推荐药物：

（1）呼诺玢或支原净或泰乐菌素，拌料，脉冲式给药。

（2）帝诺玢\净乐芬等驱虫药物拌料驱虫1周，半年1次。

（3）可在分娩前7d到分娩后7d，慢呼清、强力霉素或土霉素钙拌饲1周；或使用大北农的"呼立消"进行阶段饲喂。

（4）可在分娩当天肌注青霉素1~2万IU/kg体重，链霉素100mg/kg体重，或用肌注氨苄青霉素20mg/kg体重，或用肌注庆大霉素2~4mg/kg体重，或用德力先、长效土霉素5ml（表5-3、表5-4）。

表5-3　恒惠农牧公司规模化猪场预防保健表

猪别	日龄（时间）	用药目的	使用药物	剂量	用法
公猪	每月或每季度1次	预防呼吸道疾病	呼诺玢预混剂2%	1kg/t	连续7d混饲给药
			土霉素钙盐预混剂	1kg/t	连续7d混饲给药
		驱虫	帝诺玢	1kg/t	连续7d混饲给药
后备母猪	进场第1周	预防呼吸道疾病	呼诺玢预混剂2%	1kg/t	连续7d混饲给药
			泰乐菌素	200mg/kg	连续7d混饲给药
		抗应激	维多利或维力康	按说明	连续7d混饲给药
	配种前1周	抗菌	德利先	5ml	肌内注射1次
	产前7~14d	驱虫	帝诺玢	2kg/t	连续7d混饲给药
母猪	产前7d至产后7d	预防产后仔猪呼吸道及消化道疾病、母猪产后感染	呼肠舒	1kg/t	连续7~14d混饲给药
			或慢呼清	1kg/t	连续7~14d混饲给药
	断奶后	母猪炎症	德利先	5ml	肌内注射1次
	吃初乳前	预防新生仔猪黄痢	德力先、兽友一针或庆大霉素	1~2ml	口服
商品猪	3日龄内	预防缺铁性贫血	血康	2ml/头	肌内注射
		补硒、提高抗病力	亚硒酸钠维生素E	0.5ml/头	肌内注射
	补料第1周	预防新生仔猪黄痢	呼肠舒	1kg/t	连续7d混饲给药
			或阿莫西林	150mg/kg	连续7d混饲给药

（续表）

猪别	日龄（时间）	用药目的	使用药物	剂量	用法
商品猪	断奶前后1周	预防呼吸道及消化道疾病 促生长抗应激	呼诺玢预混剂2% + 维多利或维力康	2kg/t 适量	连续7d混饲给药
			或呼肠舒 + 维多利或维力康	1kg/t 适量	连续7d混饲给药
			或支原净粉 或阿莫西林粉 + 维多利或维力康	125mg/kg 150mg/kg 适量	饮水或混饲给药7d
	转入生长育肥期第1周（8～10周龄）	驱虫、促生长	帝诺玢	1kg/t	连续7d混饲给药
		抗菌、促生长	呼诺玢预混剂2% 土霉素钙盐预混剂	2kg/t 1kg/t	连续7d混饲给药 连续7d混饲给药
所有猪群	每周1次或2次	常规消毒	卫康或农福	1：1 000	带猪体猪舍内喷雾消毒

表5－4　某舜皇山土猪场预防用药及保健表

预防病名	预防药名	用药对象	用药方法
仔猪贫血	血康或富来血	初生仔猪	1ml/头肌注1次
仔猪白肌病	亚硒酸钠维生素E	初生仔猪	0.5ml 头肌注1次
仔猪黄痢	庆大霉素或兽友一针	初生仔猪	2ml/头口服1次
	呼肠舒	产前产后母猪	1kg/吨拌料2周
开食应激	开食补盐或维力康	5～7日龄	2包/100kg，饮水3d
仔猪白痢	土霉素或痢菌净粉	2周和4周龄	1包/100kg，饮水3d
断奶应激	维力康或开食补盐	4周龄	2包/100kg，饮水3d
寄生虫病	帝诺玢	断奶后1周	2kg/t拌料1周
母猪产后感染	青、链霉素	产后母猪	子宫内用药
	德力先	产前母猪	5ml/头次肌注1次
产后便秘及消化不良	维力康或小苏打或芒硝	产后母猪	拌料连用1周
其他猪病	呼诺玢或土霉素钙预混剂	后备猪及生长育肥猪	每隔2～3周拌料用1周
	泰乐菌素	妊娠猪	妊娠前期、后期各用药1周
	土霉素钙预混剂	公猪	每月用药1周

说明：1. 同一猪群使用预防药物抗生素时，注意更换品种以防产生耐药性；2. "抗生素"没有具体指定部分，由技术人员根据具体情况选择确定

第七节　猪场常见病防治

一、常见普通病药物防治

常见普通病药物防治，见表5－5。

表5－5　常见普通病药物防治一览表

病名	主要症状	药物预防	临床治疗
气喘病（支原体肺炎）	体温不高、咳嗽、喘腹式呼吸	支原净、呼诺玢、呼乐芬、泰舒平（泰乐菌素）、土霉素	呼诺玢、德利先、正气、泰诺康、喘必康、通疗、卡那霉素与盐酸土霉素交替使用
胸膜肺炎	急性的体温高、咳嗽、喘呼吸有拉风箱声	呼诺玢、呼乐芬、支原净、泰舒平（泰乐菌素）、土霉素	呼诺玢、德利先、正气、泰诺康、喘必康、通疗、卡那霉素与盐酸土霉素交替使用
萎缩性鼻炎	歪鼻、鼻炎或流血、黑斑眼、脸变形	呼诺玢、呼乐芬、支原净、泰乐菌素、磺胺类	呼诺玢、德利先、卡那、磺胺类
仔猪黄白痢	1周内黄痢、1～2周白痢	呼肠舒、土霉素钙盐预混剂、慢呼清、强力霉素、菌消清（阿莫西林）	W～h特效肠炎灵、泻痢净、兽友一针；或用庆大霉素、氟哌酸、痢特灵、痢菌净等。
应激综合征中暑	震颤、抽搐、体温高、呼吸困难、吐白沫	维力康、维多利、维生素C、矿添	冷水浴、氯丙嗪、碳酸氢钠、补液、放血
不明原因高热	体温41℃以上	通风，防暑降温	弓形康、宁静、安乃近、青链霉素、复方胆汁
不明原因不食	食欲不振或废食	促胃健、小苏打、芒硝	宁静、青链霉素、复方胆汁、静补葡萄糖
流产	机械性流产、习惯性流产、疾病性流产	有流产先兆的用黄体酮等保胎药	已流产的用催产素、肌注青链霉素、德利先或子宫内用药宫炎净等
子宫炎阴道炎	流出炎性或脓性分泌物	德利先、泰灭净	德利先、泰灭净、宫炎净、宫得康
产后感染	流出炎性或脓性分泌物，有时带血	德利先、青链霉素	德利先、青链霉素、宫炎净、宫得康等
产后瘫痪	后肢无力或倒卧不起	补钙	葡萄糖酸钙、维丁胶钙
产后泌乳障碍综合征	乳房炎、乳腺硬化、瞎乳头、少乳或无乳	亚硒酸钠维生素E、呼乐芬	催乳药、安痛定、葡萄糖、催产素、盐酸普鲁卡因青霉素封闭疗法
便秘	粪便干燥或不排粪、起卧不安	促胃健、小苏打、芒硝	洗肠、灌服泻剂大黄、硫酸钠等、静补葡萄糖、按摩
体内外寄生虫病	疥螨，蛔虫，等	帝诺玢、净乐芬	帝诺玢、杀螨灵、敌白虫、左旋米唑
僵猪	体重明显小，瘦弱，被毛粗乱	抗生素	维生素B_1＋肌苷＋血康
链球菌病	关节肿、神经症状	青霉素、磺胺类	链球康、通疗

二、常见传染病诊断与防治

（一）猪口蹄疫

口蹄疫（FMD）是哺乳动物的一种接触烈性传染病，可引起易感偶蹄兽潜在的严重经济损失。本病临床上表现为口、舌、唇、鼻、蹄、乳房等部位发生水泡、破溃形成烂斑。

1. 临床诊断要点

成年病猪以蹄部水泡为主要特征，体温升高到40℃以上，水泡液呈灰白色；口腔黏膜、鼻端、蹄部和乳房皮肤发生水疱溃烂；乳猪多表现急性胃肠炎、腹泻以及心肌炎而突然死亡。

2. 防治

（1）控制。预防性免疫接种是成功控制口蹄疫的方法之一，也是最经济的措施。免疫猪"O"形口蹄疫灭活油苗，所用疫苗的病毒型必须与该地区流行的口蹄疫病毒型相一致；选用对口蹄疫病毒有效的消毒剂；强化疫情监测和防疫监督。

（2）预防。后备母猪（4月龄）、生产母猪配种前、产前1个月、断奶后1周龄时肌注猪"O"形口蹄疫灭活油苗；所有猪只在每年十月份注射口蹄疫灭活苗。

（二）猪瘟

猪瘟是由猪瘟病毒（HCV）引起的一种急性、热性、高度接触性传染病，对养猪业的发展危害严重，我国把猪瘟列为一类动物疫病。

1. 临床诊断要点

体温在40.5℃以上或间歇性发热；精神萎靡、倦怠，畏寒，食欲缺乏、厌食、甚至废食，呕吐，步态不稳；交替便秘与腹泻，产生带黏液和血丝的粪球，结膜充血、出血或有不正常分泌物；鼻盘、嘴唇、耳尖、下颌、四肢、腹下及腹股沟等出现紫红色斑点或斑块；公猪包皮积尿或其他疑似CSF是症状；怀孕母猪有流产、死胎、木乃伊等现象或所产仔猪有衰弱、震颤、痉挛、发育不良等现象。肾皮质色泽变淡，有不同大小的点状出血；淋巴结外观充血、切面周边出血，呈红白相间的"大理石样"；脾脏不肿大，表面有点状出血或边缘出现突起的楔状梗死区；心脏、喉头、大肠、小肠、胆囊及膀胱有点状出血；全身出血性变化、多呈片状或点状；回盲瓣、回肠、结肠形成"纽扣状"溃疡。

2. 防治

（1）治疗。目前无有效的化学药物，高免血清有一定的疗效。

（2）预防。

①首免：组织苗免疫母猪所生仔猪20～35日龄，用猪瘟弱毒苗2头份，肌肉注射。细胞苗免疫母猪所生仔猪20～25日龄，用猪瘟弱毒苗2头份，肌肉注射。

②二免：60～65日龄用猪瘟弱毒苗4头，肌肉注射；后备母猪配种前2周用猪瘟弱毒苗4头份，肌肉注射；成年种猪每年3月和9月除妊娠母猪外，其他种猪用猪瘟弱毒苗4头份，肌肉注射。在免疫的基础上，应做好了解猪群抗体水平高低及抗体分布。在免疫接种之后也应监测，以了解接种效果。

（三）伪狂犬病

猪伪狂犬病（PR）是由伪狂犬病病毒引起的多种家畜及野生动物共患的急性传染病。该病引起妊娠母猪发生流产、产死胎、木乃伊胎；仔猪感染出现神经症状、麻痹、衰竭死亡，15日龄以内仔猪感染，死亡率可高达100%。

1. 临床诊断要点

公猪睾丸肿胀、萎缩，甚至丧失种用能力；母猪返情率高；妊娠母猪发生流产、产死胎、木乃伊；新生仔猪大量死亡，多见于生下第 2d 开始发病，3～5d 内是死亡高峰期；病仔猪发热、发抖、流涎、呼吸困难、拉稀、有神经症状，开始常见的兴奋状态是盲目走动、步态失调，继之突然倒地，反复痉挛，口吐白沫，四肢划动，有的角弓反射，有的站立不稳，有的呈游泳姿势，有的因后躯麻痹呈兔子般跳跃；脑膜充血、出血、水肿，扁桃体有坏死、炎症；肺充血、水肿；肝、肾、脾有直径 1～2mm 大小的黄白色坏死灶，周围有红色晕圈；肾脏布满针尖样出血点。

2. 防治

（1）正发伪狂犬病猪场。用 gE 缺失弱毒苗对全猪群进行紧急预防接种，4 周龄内仔猪鼻内接种免疫，4 周龄以上猪只肌肉注射；2～4 周后所有猪再次加强免疫，并结合消毒、灭鼠、驱杀蚊蝇等全面的兽医卫生措施，以较快控制发病。

（2）伪狂犬病阳性猪场。生产种猪群用 gE 缺失弱毒疫苗，肌肉注射，每年 3～4 次免疫；引进的后备母猪用 gE 缺失弱毒疫苗，肌肉注射，2 周后，再肌肉注射加强免疫；仔猪和生长猪：用 gE 缺失弱毒疫苗，3 日龄鼻内接种，4～5 周龄鼻内接种加强免疫，9～12 周龄肌肉注射免疫。

（四）猪繁殖与呼吸障碍综合征

猪繁殖与呼吸障碍综合征（PRRS）是由繁殖与呼吸综合征病毒（PRRSV）引起的，以母猪的繁殖障碍和仔猪的呼吸困难及高死亡率为主要特征的病毒性传染病。

1. 现场诊断要点

所有猪感染 PRRSV 以后都出现厌食、精神不振和发热，体温达 40～41.5℃；体表皮肤发绀、出血，体表皮肤发绀多发生于皮肤远端，如耳、眼、吻突、四肢末端、腹下、阴囊、阴户及臀部等皮肤。皮肤严重发绀呈蓝紫色，出现耳部发绀呈蓝紫色的频度最大，因此称为蓝耳病。怀孕母猪咳嗽，呼吸困难，怀孕后期流产，产死胎、木乃伊或弱仔猪，有的出现产后无乳等繁殖障碍；新生仔猪病猪体温升高 40℃ 以上，呼吸迫促及运动失调等神经症状，产后 1 周内仔猪的死亡率明显上升。有的病猪在耳、腹侧及外阴部皮肤呈现一过性青紫色或蓝色斑块；3 周龄仔猪常发生继发感染，如嗜血杆菌感染；育肥猪生长不均；主要病变为间质性肺炎。

2. 防治

（1）控制。母猪分娩前 20d，每天每头猪给阿司匹林 8g，其他猪可按每千克体重 125～150mg 阿司匹林添加于饲料中喂服；或者按 3d 给 1 次喂服，喂到产前一周停止，可减少流产；使用呼乐芬或葸诺沙星等控制继发细菌感染。

（2）预防。后备猪 4 月龄时用弱毒苗首免，1 个月后加强免疫；仔猪断奶后用弱毒苗免疫。

（五）细小病毒病

1. 现场诊断要点

多见于初产母猪发生流产、死胎、木乃伊或产出的弱仔，以产木乃伊胎为主；经产母猪感染后通常不表现繁殖障碍现象，且无神经症状。

2. 防治

（1）防止把带毒猪引入无此病的猪场。引进种猪时，必须检验此病，才能引进。

（2）对后备母猪和育成公猪，在配种前一个月免疫注射。

（3）在本病流行地区内，可将血清学反应阳性的老母猪放入后备种猪群中，使其受到自然感染而产生自动免疫。

（4）因本病发生流产或木乃伊同窝的幸存仔猪，不能留作种用。

（六）圆环病毒病

圆环病毒病分为两种，一种是圆环病毒Ⅰ型（PCV1），另一种是圆环病毒Ⅱ型（PCV2）。圆环病毒Ⅰ型引起新生仔猪先天性震颤，圆环病毒Ⅱ型引起断奶仔猪多系统衰弱综合征（PMWS）。

1. 现场诊断要点

圆环病毒Ⅰ型：妊娠母猪一般表现症状；新生仔猪出生后当即或不久即出现肌肉阵发性痉挛，同窝仔猪可以整窝发病，也可以部分发病，症状轻重不一，同窝仔猪发病越少，则症状越轻，全窝发病则症状严重；症状严重的全身抖动、呈跳跃姿势、行走困难、容易跌倒。

圆环病毒Ⅱ型：断奶仔猪表现渐进性消瘦和生长迟缓，由于肌肉部分的消耗，整个患猪的背脊变成显著的尖突状；猪的头部、耳部与其变瘦及苍白的躯体几乎显得不成比例。其他症状有呼吸困难、咳嗽、消化不良、腹泻、贫血和黄疸，发病后期还可见腹股沟淋巴结肿大，多数猪体温达 40.0℃ 左右。

2. 防治

目前，已经有商品疫苗可供预防 PCV2 感染。应加强对仔猪的饲养管理，提高猪群日粮的蛋白质、氨基酸、维生素和微量元素水平，增强猪的抵抗力；建立、完善猪场的生物安全体系，将消毒卫生工作贯穿生猪生产的各个环节，最大限度地消除或降低猪场内污染的病原微生物。

已发生 PCV2 感染的猪场，给妊娠母猪 90d 以上的母猪采用蓝耳病的防治方法。在药物预防上可采用哺乳仔猪在 3 日龄、7 日龄、21 日龄时各注射长效土霉素 0.5ml，或仔猪断奶前、后各 1 周，在饲料中添加林可霉素、金霉素、强力霉素或氟苯尼考等药物，控制继发感染，减少猪只的死亡等办法。

在母猪分娩前、后 1 周内用药，在每吨饲料中添加利高霉素 1 200g、金霉素 1 000g、阿莫西林 150g。

做好猪瘟、伪狂犬病、猪细小病毒、猪气喘病、蓝耳病等疫苗的免疫接种工作。

（七）猪传染性胃肠炎

猪传染性胃肠炎是由猪传染性胃肠炎病毒（冠状病毒）引起的一种急性、高度接触性肠道传染病。主要特征是呕吐、剧烈水样腹泻和脱水。

1. 现场诊断要点

多流行于冬春寒冷季节，即 12 月至翌年 3 月。大小猪都可发病，特别是 24h 到 7 日龄仔猪。病猪呕吐（呕吐物呈酸性）、水泻、明显的脱水和食欲减退。哺乳猪胃内充满凝乳块，黏膜充血。

2. 防治

（1）控制。在疫病流行时，可用猪传染性胃肠炎病毒弱毒苗作乳前免疫。防止脱水、酸中毒，给发病猪群口服补液盐。使用抗菌药控制继发感染。用卫康、农福、百毒杀带猪消毒，一天一次，连用 7d；以后每周 1 次或 2 次。

（2）预防。给妊娠母猪免疫（产前 45d 和 15d）弱毒苗。肌注免疫效果差。小猪初生前 6h 应给予足够初乳。若母猪未免疫，乳猪可口服猪传染性胃肠炎病毒弱毒苗。二联灭活苗作交巢穴（后海穴）（猪尾根下、肛门上的陷窝中）注射有效。

（八）猪流行性腹泻

猪流行性腹泻（Porcine epidemic diarrhea，PED）是由猪流行性腹泻病毒引起的猪的一种高度接触性肠道传染病，以呕吐、腹泻和食欲下降为基本特征，各种年龄的猪均易感。

1. 现场诊断要点

多在冬春发生。呕吐、腹泻、明显的脱水和食欲缺乏。传播也较慢，要在 4 周内才传遍整个猪场，往往只有断奶仔猪发病，或者各年龄段均发的现象。病猪粪便呈灰白色或黄绿色，水样并混有气泡流行性腹泻。大小猪几乎同地发生腹泻，大猪在数日内可康复，乳猪有部分死亡。

2. 防治

用猪流行性腹弱毒苗在产前 20d 给妊娠母猪作交巢穴（后海穴）或肌肉注射。

（九）猪链球菌病

猪链球菌病是由 C、D、E、L 等血清型链球菌引起猪多种疾病的总称。

1. 现场诊断要点

新生仔猪发生多发性关节炎、败血症、脑膜炎，但少见。乳猪和断奶仔猪发生运动失调，转圈、侧卧、发抖，四肢作游泳状划动（脑膜炎）。剖检可见脑和脑膜充血、出血。有的可见多发性关节炎、呼吸困难。在超急性病例，仔猪死亡而无临床症状。肥育猪常发生败血症，发热，腹下有紫红斑，突然死亡。病死猪脾大。常可见纤维素性心包炎或心内膜炎、肺炎或肺脓肿、纤维素性多关节炎、肾小球肾炎。母猪出现歪头、共济失调等神经症状、死亡和子宫炎。C 型猪链球菌可引起咽部、颈部、颌下局灶性淋巴结化脓。C 群链球菌可引起皮肤形成脓肿。

2. 防治

（1）治疗：给病猪肌注抗菌药＋抗炎药（如地塞米松），经口给药无效。目前较有效的抗菌药为头孢噻呋，每日每千克体重肌注 5.0mg，连用 3d；青霉素＋庆大霉素、氨苄青霉素或羟氨苄青霉素（阿莫西林）、头孢唑啉钠、恩诺沙星、氟甲砜霉素等。也有一些菌株对磺胺＋TMP 敏感。肌注给药连用 5d。

（2）预防：做好免疫接种工作，建议在仔猪断奶前后注射 2 次，间隔 21d。母猪分娩前注射 2 次，间隔 21d，以通过初乳母源抗体保护仔猪。可制作使用自家灭活菌苗。

（十）猪附红细胞体病

猪附红细胞体病又称红皮病，是由寄生于猪红细胞或血浆中的附红细胞体引起的一种寄生虫病。附红细胞体病主要破坏猪体红细胞造成机体贫血，很容易引起继发感染。

1. 现场诊断

猪附红细胞体病通常发生在哺乳猪、怀孕的母猪以及受到高度应激的肥育猪。发生急性附红细胞体病时，病猪体表苍白，高热达42℃。有时黄疸。有时有大量的瘀斑，四肢、尾特别是耳部边缘发紫，耳郭边缘甚至大部分耳郭可能会发生坏死。严重的酸中毒、低血糖症。贫血严重的猪厌食、反应迟钝、消化不良。母猪乳房以及阴部水肿；母猪受胎率低，不发情，流产，产死胎、弱仔。剖检可见病猪肝肿大变性，呈黄棕色；有时淋巴结水肿，胸腔、腹腔及心包积液。

2. 防治

（1）治疗。

①猪附红细胞体现归类为支原体，临床上，常给猪注射强力霉素10mg/kg/d，连用4d，或使用长效土霉素制剂。对于猪群，可在每吨饲料中添加800g土霉素（可加130ppm阿散酸，以使猪皮肤发红），饲喂4周，4周后再喂1个疗程。效果不佳时，应更换其他敏感药物。

②同时采取支持疗法，口服补液盐饮水，必要时进行葡萄糖输液，加$NaHCO_3$。必要时给仔猪、慢性感染猪注射铁剂（200g葡萄糖酸铁/头）。

③混合感染时，要注意其他致病因素的控制。

（2）预防。

①切断传播途径：注射时换针头，断尾、剪齿、剪耳号的器械在用于每一头猪之前要消毒。定期驱虫，杀灭虱子和疥螨及吸血昆虫。防止猪群的打斗、咬尾。在母猪分娩中的操作要带塑料手套。

②防治猪的免疫抑制性因素及疾病，包括减少应激。

③猪群药物防治：每吨饲料中添加800g土霉素加130g阿散酸，饲喂4周，4周后再喂1个疗程。也可使用上述其他对支原体敏感的药物，如呼诺芬、蒽诺沙星、二氟沙星、环丙沙星、泰妙菌素、泰乐菌素或北里霉素、氟甲砜霉素等。预防时，作全群拌料给药，连用7～14d，或采取脉冲方式给药。

（十一）仔猪水肿病

仔猪水肿病是由溶血性大肠杆菌的毒素引起仔猪的一种急性、致死性传染病。特征为头部、胃壁水肿和共济失调、麻痹。

1. 现场诊断要点

多发于吃料太多、营养好、体格健壮的仔猪。突然发病，沉郁，头部水肿，共济失调，惊厥，局部或全身麻痹。体温正常。病死猪眼睑、颈部、头部皮下，胃底部黏膜、肠系膜、肛门四周和腹下等发生水肿，此为本病的特征。有的病猪做圆圈运动或盲目运动、共济失调；有时侧卧，四肢游泳状抽搐，触之敏感，发出呻吟或嘶哑的叫声；有的前肢或后肢麻痹，不能站立。

2. 防治

（1）治疗。发病猪的治疗效果与给药时间有关。一旦神经症状出现，疗效不佳。

（2）预防。断奶后3～7d在饮水或料中添加抗菌药，如呼肠舒、氧氟沙星、环丙沙星等，连给1周。目前常用的抗菌药有强力霉素、氟甲砜霉素、新霉素、恩诺沙星等。使用抗菌药治疗的同时，配合使用地塞米松。对病猪还可应用盐类缓泻剂通便，以减少毒素的吸收。

（十二）仔猪大肠杆菌病

新生仔猪腹泻（仔猪黄痢）、仔猪腹泻（仔猪白痢）和仔猪水肿病都是由致病性大肠杆菌引起的仔猪肠道细菌性急性传染病，发病率高，死亡率高，危害严重。

1. 现场诊断要点

（1）仔猪黄痢。在一窝仔猪中突然有1~2头发病，很快传开，同窝仔猪相继拉稀，开始排黄色稀粪，含有蛋花状凝乳块，腥臭，黄色粪便沾满肛门、尾、臀部，严重者病猪肛门松弛、排粪失禁，不吃乳，消瘦、脱水、眼球下陷，肛门、阴门呈红色，站立不起，1~2d死亡。

（2）仔猪白痢。发病猪体温升高在40℃左右，一般出现下痢后体温降至正常。病猪下痢严重，粪便呈现深浅不等的乳白色、灰白色、混杂黏液的糊状，少数病例夹有血丝，有特异的腥臭气，随着病情加重，病猪消瘦，眼结膜及皮肤苍白，脱水，最后衰竭而死。

2. 防治

治疗：可用环丙沙星、氟哌酸（诺氟沙星）、庆大霉素、黄连素等药物，防止脱水也十分重要，可在饮水中加入补液盐（氯化钠3.5g、碳酸氢钠2.5g或枸橼酸钠2.9g、氯化钾1.5g、葡萄糖20g、加水至1 000ml）。

（十三）猪气喘病（猪支原体肺炎）

猪支原体肺炎是由猪肺炎支原体引起的一种慢性接触性传染呼吸道传染病。又称猪地方流行性肺炎，最通俗、最常用称呼是猪气喘病、猪喘气病。

1. 现场诊断要点

病猪咳嗽、喘气，腹式呼吸。不同品种、年龄、性别和用途的猪均能感染，以土种猪和纯种瘦肉型猪最易感，其中，又以乳猪和断奶仔猪的易感性、发病率和致死率高；成年种公猪、母猪、育肥猪多呈慢性或隐性感染。两肺的心叶、尖叶和膈叶对称性发生肉变至胰变。自然感染的情况下，易继发巴氏杆菌、肺炎球菌、胸膜肺炎放线杆菌。鉴别诊断：应将本病与猪流感、猪繁殖与呼吸综合征、猪传染性胸膜肺炎、猪肺丝虫、蛔虫感染等进行鉴别。

2. 防治

（1）治疗。猪肺炎支原体对青霉素及磺胺类药物不敏感，而对卡拉霉素、长效土霉素、林可霉素、氧氟沙星、蒽诺沙星等敏感。目前，常用的药物有：环丙沙星、氧氟沙星、蒽诺沙星、二氟沙星、庆大霉素或丁胺卡那霉素、酒石酸泰乐菌素或北里霉素或泰妙菌素、利高霉素。母猪产前产后、仔猪断奶前后，在饲料中拌入100mg/kg枝原净，同时，以75mg/kg蒽诺沙星的水溶液供产仔母猪和仔猪饮用；仔猪断奶后继续饮用10d；同时需结合猪体与猪舍环境消毒，逐步自病猪群中培育出健康猪群。或以800mg/kg呼诺玢、土霉素、金霉素拌料，脉冲式给药。

（2）免疫。7~15日龄哺乳仔猪首免1次；到3月龄确定留种用猪进行二免，供育肥不做二免。种猪每年春秋各免疫 1 次。

（十四）猪传染性胸膜肺炎

猪传染性胸膜肺炎是由胸膜肺炎放线杆菌（APP）引起的猪的一种高度接触性、传染性、致死性呼吸道传染病。临床和剖检上以纤维素性胸膜肺炎或慢性、局灶性、坏死性肺炎为特征。

1. 现场诊断要点

常发于 6 周至 3 月龄猪。在急性病例，病猪昏睡、废食、高热。时常呕吐、拉稀、咳嗽。后期呈犬坐姿势，心搏过速，皮肤发紫，呼吸极其困难。剖检可见，严重坏死性、出血性肺炎，胸腔有血色液体。气道充满泡沫、血色、黏液性渗出物。双侧胸膜上有纤维素粘着，涉及心叶、尖叶。在慢性病例，病猪有非特异性呼吸道症状，不发热或低热。剖检可见，纤维素性胸膜炎，肺与胸膜粘连，肺实质有脓肿样结节。鉴别诊断：猪流感、猪繁殖与呼吸综合征、单纯性猪喘气病。

2. 防治

（1）治疗。仅在发病早期治疗有效。治疗给药宜以注射途径。注意用药剂量要足。目前常用的药物：呼诺玢、氧氟沙星或环丙沙星或蒽诺沙星或二氟沙星、氟甲砜霉素或甲砜霉素、丁胺卡那霉素等。治疗可用长效土霉素和氟苯尼考交替肌肉注射；每吨饲料内添加 2% 猪喘清（氟苯尼考）1 500g、磺胺二甲嘧啶 300g，连喂 7 ~ 15d。

（2）预防。用包含当地的血清型的灭活菌苗进行免疫。在饲料中定期添加易吸收的敏感抗菌药物。

（十五）猪肺疫（猪巴氏分枝杆菌病）

猪肺疫又叫猪巴氏分枝杆菌病，是由多杀性巴氏杆菌引起的一种急性、散发性传染病。急性病例以败血性症和器官、组织出血性炎症为主要特征。

1. 诊断要点

气候和饲养条件剧变时多发。急性病例高热，体温升高 41.0℃ 以上，甚至达 42.0℃。表现为急性咽喉炎症状，颈部、咽部高度红肿和坚硬。呼吸困难，口鼻流泡沫。常呈犬坐，伸长头颈"呼啦"呼吸，发出喘鸣声，或干而短的痉挛性咳嗽，因此，又把该病称为"响脖子"、"锁喉风"。咽喉部肿胀出血，肺水肿，有肝变区，肺小叶出血，有时发生肺粘连。脾不肿大。鉴别诊断：猪流感、猪传染性萎缩性鼻炎、猪传染性胸膜肺炎、仔猪副伤寒、单纯性猪喘气病等。

2. 防治

目前，常用的药物见猪呼吸道病复合感染的有关部分。在用抗菌药肌肉注射的同时可选用其他抗菌药拌料口服。该病常继发于猪气喘病和猪瘟的流行过程中。猪场做好其他重要疫病的预防工作可减少本病的发生。

（十六）副猪嗜血分枝杆菌病

副猪嗜血分枝杆菌病又称格拉瑟氏病，是由副猪嗜血杆菌引起的一种主要危害断奶前后仔猪的传染病。

1. 诊断要点

哺乳和保育阶段仔猪发病后，多发浆膜性炎和关节炎。最早出现的临床症状是发热，体温一般在 40.0 ~ 41.0℃，眼睑发红、水肿，皮肤和可视黏膜发绀；食欲缺乏、甚至废食。反应迟钝，肌肉颤抖，腕关节、附关节肿大，负重无力，跛行，并表现疼痛。初次发病的猪场或与链球菌、猪蓝耳病猪等混合感染时死亡率很高，可达 80% 以上。病情严重时，出现呼吸困难，喘气，腹式呼吸，有的病猪出现震颤、共济失调，临死前呈角弓反射、四肢划水等症状。肿胀的关节皮下呈胶冻样变（主要见于腕关节、附关节），关节腔内有浆液性炎性渗出液，四周也常呈胶冻样变。胸腔、心包腔、腹腔多发性浆膜炎，腔内有大量炎性渗出液，心外膜、肺表面常有纤维蛋白或附着有一层灰白色纤维素性物，常发生出血性肺炎或纤维素性胸膜肺炎。

2. 防治

要控制副猪嗜血分枝杆菌病必须采取疫苗接种、抗生素处理和加强饲养管理相结合的措施。疫苗的使用是预防副猪嗜血分枝杆菌病最为有效的方法之一。大多数血清型的副猪嗜血杆菌对氨苄西林、氟喹诺酮类、头孢菌素、四环素、庆大霉素和增效磺胺类药物敏感，可选择应用。

（十七）呼吸道病的防治

1. 综合防治措施

（1）加强饲养管理。

（2）重视隔离饲养，新引进种猪隔离饲养 40d 以上。

（3）病猪隔离饲养，该淘汰的应及时淘汰。

（4）坚持全进全出，产房、保育舍应采取全进全出的生产方式。

（5）空栏时彻底清洗消毒，空置 3 ~ 7d 后，再转入新的猪群。

（6）严禁上一批病弱仔寄养到下一批。

（7）注意饲养密度，呼吸道病的发生与饲养密度密切相关，如条件差，密度应低一些。

（8）注意通风和温度控制。

（9）搞好卫生消毒工作。

（10）减少应激：尽量减少猪群转栏和混群的次数；仔猪断奶，不换圈、不换料。断奶后仔猪继续在产房饲养 3 ~ 7d 后再转入保育舍；断奶前后几天尽量不打疫苗；各阶段换料要逐渐过渡。

（11）免疫接种：根据本地区及本场疫情实际情况，科学地制定适合于本场的《免疫程序》并严格遵守执行。

2. 策略性阶段性药物预防

（1）母猪。使用呼诺玢预混剂 2% 或慢呼清；配种后 2 周内或产前产后 2 周内，呼诺玢预混剂 2% 混饲，1kg/t，连用 1 周；或慢呼清饮水，每 kg 水加 1g，连用 1 ~ 2 周。

（2）公猪、后备猪。使用呼诺玢预混剂 2% 或慢呼清；每隔 2 ~ 3 周用 1 周，其他同上。

（3）仔猪。使用呼诺玢预混剂 2%；整个哺乳期及断奶后 1 周，呼诺玢预混剂 2% 混饲，2kg/t。严重时，同时采取如下措施：①出生后 2d 内，鼻腔喷雾丁胺卡那霉素。②9 日龄、16 日龄、23 日龄鼻内喷雾磺胺药物。

（4）保育猪、育肥猪。使用呼乐芬，禽立清（丁胺卡那）；转群变料后 1 周，呼乐芬粉混饲，0.5kg/t，连用 1 周；或禽立清（丁胺卡那）粉饮水，每 kg 水加 2g，连用 1 周；或用"酒石酸泰乐菌素 + SM2 – Na"，混饲或饮水，"110mg/L + 110mg/L"。

3. 药物治疗

治疗时，应坚持治疗药物与预防药物相分开。推荐的治疗药物有：呼诺玢注射液 30%，克喘黄金，正气，气爽，德利先，卡那霉素、盐酸土霉素等针剂。用法见说明书。

另外，要坚持个别治疗与全群投药相结合；呼吸道病发生时，对症状严重的猪实行肌注或喷鼻个别治疗，全群猪应进行混饲或饮水投药；症状消失后，应继续使用 1 个疗程，以防复发；若呼吸道病发病率很高且较为严重，应对各猪群以一定的时间间隔脉冲式预防或治疗用药，如 1 周用药，2 ~ 3 周停药的方式用药，可降低发病率，对本病进行有效控制。

第六章　舜皇山土猪肉生产加工技术规范

第一节　舜皇山土猪屠宰分割与卫生检验

　　屠宰与分割所在厂址应远离城市水源地和城市给水、取水口，其附近应有城市污水排放管网或经相关部门允许的最终受纳水体。厂区应位于城市居民区夏季风向最大频率的下风侧，并应满足有关卫生防护距离要求。厂址周围应有良好的卫生条件。厂区不应位于受污染河流的下游，并应避开产生有害气体、烟雾、粉尘等污染源的工业企业或其他产生污染源的地区或场所。屠宰与分割车间应确保操作工艺、卫生、兽医卫生检验符合要求，并应做到技术先进、经济合理、节约能源、使用维修方便。

一、生猪屠宰加工工艺流程示意图

　　舜皇山猪屠宰加工如图 6 – 1 所示。

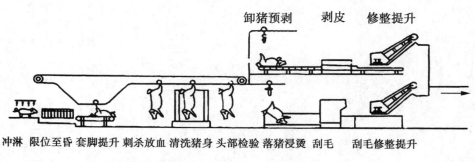

卸猪预剥　　剥皮　　修整提升

冲淋　限位至昏　套脚提升　刺杀放血　清洗猪身　头部检验　落猪浸烫　刮毛　刮毛修整提升

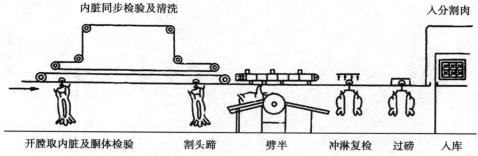

内脏同步检验及清洗　　　　　　　　　　　　　　　　　　　　　　入分割肉

开膛取内脏及胴体检验　　　割头蹄　　　劈半　　　冲淋复检　　过磅　　入库

图 6 – 1　屠宰加工流程图

二、刨毛猪屠宰加工工艺流程

健康猪进待宰圈→停食饮水静养 12～24h→宰前（温水）淋浴→瞬间击晕→拴腿提升→刺杀→沥血（沥血时间：5min）→毛猪屠体的清洗→烫毛→刨毛→修刮→胴体提升→燎毛→刷白清洗拍打→修耳道→封直肠（刁圈）→切去生殖器→剖腹折胸骨→取白内脏（白内脏放在白内脏检疫输送机的托盘内待检验）。

↓

合格的白内脏进入白内脏加工间内处理：

↓

胃容物通过风送系统输送到车间外约 50m 处的废弃物暂存间→旋毛虫检验→预摘红内脏→取红内脏（红内脏挂在红内脏检疫输送机的挂钩上待检）。

↓

合格的红内脏进入红内脏加工间内处理：
→预摘头→劈半→胴体和内脏的同步检验→去尾→去头→去前蹄。

↓

不合格的胴体、红白内脏拉出屠宰车间高温处理：
→去后蹄→去板油→白条修割→白条称重→冲淋→排酸（0～4℃）→分三段

↓　　　　　　　　　　　　↓
鲜肉销售　　　　　冷却肉销售

→分割部位肉→称重包装装盘→速冻或保鲜→脱盘装箱→冷藏→分割肉销售。

三、剥皮猪屠宰加工工艺流程

健康猪进待宰圈→停食饮水静养 12～24h→宰前淋浴→瞬间击晕→拴腿提升→刺杀→沥血（沥血时间：5min）→毛猪屠体的清洗→

去头→卸猪入预剥工位→去前后蹄和尾→预剥皮→机械剥皮→

↓　　　　　　　　　　↓　　　　　　　　　↓

头蹄尾进头蹄尾加工间加工处理：　　　　皮张入猪皮暂存间
→胴体提升→胴体修割→封直肠（刁圈）→去生殖器→剖腹折胸骨→取白内脏（白内脏放在白内脏检疫输送机的托盘内待检验）。

↓

合格的白内脏进入白内脏加工间内处理：

↓

胃容物通过风送系统输送到车间外约 50m 处的废弃物暂存间
→旋毛虫检验→预摘红内脏→取红内脏（红内脏挂在红内脏检疫输送机的挂钩上待检验）。

合格的红内脏进入红内脏加工间内处理：
→劈半→胴体、红白内脏同步检验→去板油→白条修割→白条称重。

↓

不合格的胴体、红白内脏拉出屠宰车间高温处理：

→白条冲淋→排酸（0~4℃）→分三段→分割部位肉→称重包装装盘

  ↓   ↓

鲜肉销售 冷却肉销售

→脱盘装箱→冷藏→分割肉销售。

四、生猪屠宰操作规程

（一）待宰圈管理

（1）待宰猪来自非疫区，健康良好，并有兽医检验合格证书。活猪进屠宰厂的待宰圈在卸车前，应索取产地动物防疫监督机构开具的合格证明，并临车观察，未见异常，证货相符后准予卸车。

（2）卸车后，检疫人员必须逐头观察活猪的健康状况，按检查的结果进行分圈、编号，合格健康的生猪赶入待宰圈休息；可疑病猪赶入隔离圈，继续观察；病猪和伤残猪送急宰间处理。

（3）对检出的可疑病猪，经过饮水和充分休息后，恢复正常的可以赶入待宰圈；症状忍不见缓解的，送往急宰间处理。

（4）待宰的生猪送宰前应停食静养 12~24h，以便消除运输途中的疲劳，恢复正常的生理状态，在静养期间检疫人员要定时观察，发现可疑病猪送隔离圈观察，确定有病的猪送急宰间处理，健康的生猪在屠宰前 3h 停止饮水。

（5）生猪进屠宰车间之前，首先要进行淋浴，洗掉猪体上的污垢和微生物，同时也便于处分击晕，淋浴（温水）时要控制水压，不要过急以免造成猪过度紧张。

（6）淋浴（温水）后的生猪通过赶猪道赶入屠宰车间，赶猪道一般设计为"八"型，开始赶猪道可供 2~4 头猪并排前进，逐渐只能供一头猪前进，并使猪体不能调头往回走，此时赶猪道宽度设计为 380~400mm。

（二）致晕

（1）致晕是生猪屠宰过程中的一重要环节，采用瞬间致晕的目的是使生猪暂时失去知觉，处于昏迷状态，以便刺杀放血，确保刺杀操作工的安全，减小劳动强度，提高劳动生产效率，保持屠宰厂周围环境的安静，同时也提高了肉品的质量。

（2）手麻电器是目前小型屠宰厂的常用麻电设备，这种麻电设备在使用前，操作工必须穿戴绝缘的长筒胶鞋和橡皮手套，以免触电，在麻电前应将麻电器的两个电极先后浸入浓度为 5% 的盐水，提高导电性能，麻电电压：70~90V，麻电时间：1~3s。

（3）三点式自动电致晕机是目前最先进的一种麻电设备，活猪通过赶猪道进入麻电机的输送装置，托着猪的腹部四蹄悬空经过 1~2min 的输送，消除猪的紧张状态，在猪不紧张的情况下瞬间脑、心麻电，致晕时间：1~3s，致晕电压：150~300v，致晕电流：1~3A，致晕频率：800Hz。这种致晕方式没有血斑，没有骨折，延缓 pH 值的下降，大大改善了猪肉的品质，同时也改善了动物福利。

（三）致晕放血

（1）致昏后应立即进行卧式放血或倒立放血。从致昏至刺杀放血，不应超过 30s。

刺杀放血刀口长度约5cm。沥血时间不宜少于5min。

卧式放血：致晕后的毛猪通过滑槽滑入卧式放血平板输送机上持刀刺杀放血，通过1~2min的沥血输送，猪体有90%的血液流入血液收集槽内，这种屠宰方式有利于血液的收集和利用，也提高了宰杀能力。也是和三点式电击晕机最完美的组合方式。

倒立放血：致晕后的毛猪用扣脚链拴住一后腿，通过毛猪提升机或毛猪放血线的提升装置将毛猪提升进入毛猪放血自动输送线的轨道上再持刀刺杀放血。

（2）刺杀时操作人员应一手抓住猪前脚，另一手握刀，对准第一肋骨咽喉正中偏右0.5~1.0cm处向心脏方向刺入，再侧刀下拖切断颈部动脉和静脉，不应刺破心脏或割断食管、气管。刺杀时不应使猪呛膈、淤血。

（3）放血刀应经不低于82℃热水消毒后轮换使用。

（四）浸烫脱毛

（1）冲淋。放血后的猪屠体应用喷淋水（40℃左右温水）或清洗机冲淋，清洗血污、粪污及其他污物。

（2）浸烫。采用蒸汽烫毛隧道或浸烫池进行烫毛。应按猪屠体的大小、品种和季节差异，调整浸烫温度、时间。

①蒸汽烫毛隧道：调整隧道内温度至59~62℃，烫毛时间，6~8min。遇到紧急情况时应立即开启隧道的紧急保护系统。这种烫毛方式是目前最先进、最理想的烫毛形式。

②浸烫池：调整水温至58~63℃，浸毛时间为3~6min，应设有溢水口和补充净水的装置。浸烫池水根据卫生情况每天更换1~2次。不应使猪屠体沉底、烫毛、烫老。

（3）脱毛。采用脱毛机进行脱毛。应根据季节不同适当调整脱毛时间，脱毛机内的喷淋水温度控制在59~62℃，脱毛后屠体无浮毛、无机械损伤、无脱毛现象。

（4）冲洗刮毛。经机械脱毛或人工刮毛后，将猪体提升悬挂，用清水洗刷浮毛、污垢，再修割，冲淋。按GB/T 17996—1999对检验刮毛、冲淋后的猪屠体做头部和体表检验。

（5）编号。在每头屠体的耳部或腿部外侧，用变色笔编号，字迹应清晰。不得漏编、重编。

（五）机械剥皮

按剥皮机性能，预剥一面或两面，确定预剥面积。

（1）毛猪在放血自动输送线上去头后，通过卸猪器卸下进入预剥输送机上，在预剥输送机上进行去前蹄、去后蹄和预剥皮等作业。

（2）把预剥后的猪输送到剥皮工位，用剥皮机的夹皮装置夹住猪皮通过机械剥皮机的滚筒旋转将猪体的整张猪皮剥下，剥下的猪皮自动输送或用皮张车运输到皮张暂存间。

（六）胴体加工

（1）胴体加工工位。胴体修割、封直肠、去生殖器、剖腹折胸骨、去白内脏、旋毛虫检验、预摘红内脏、去红内脏、劈半、检验、去板油等，都是在胴体自动加工输送线上完成的，胴体线的轨道设计距车间地坪的高度不低于 2 400mm。

（2）刨毛或剥皮后的胴体用胴体提升机提升到胴体自动输送线的轨道上，刨毛猪需要燎毛、刷白清洗；剥皮猪需要胴体修割。

（3）打开猪的胸腔后，从猪的胸腔内取下白内脏，即肠、肚。把取出的白内脏放入白内脏检疫输送机的托盘内待检验。

（4）取出红内脏，即心、肝、肺。把取出的红内脏挂在红内脏同步检疫输送机的挂钩上待检验。

（5）用带式劈半锯或桥式劈半锯沿猪的脊椎把猪平均分成两半，桥式劈半锯的正上方应安装立式加快机。小型屠宰厂劈半使用往复式劈半锯。

（6）刨毛猪在胴体劈半后，去前蹄、去后蹄和猪尾，取下的猪蹄和尾用小车运输到加工间内处理。

（7）摘猪腰子和去板油，取下的腰子和板油用小车运输到加工间内处理。

（8）把猪的白条进行修整，修整后进入轨道电子秤进行白条的称重。根据称重的结果进行分级盖章。

（七）同步卫检

（1）猪胴体、白内脏、红内脏通过检疫输送机同步输送到检验区采样检验。

（2）检验不合格的可疑病胴体，通过道岔进入可疑病胴体轨道，进行复检，确定有病的胴体进入病体轨道线，取下有病胴体放入封闭的车内拉出屠宰车间处理。

（3）检验不合格的白内脏，从检疫输送机的托盘内取出，放入封闭的车内拉出屠宰车间处理。

（4）检验不合格的红内脏，从检疫输送机的挂钩上取下来，放入封闭的车内拉出屠宰车间处理。

（5）红内脏同步检疫输送机的挂钩和白内脏检疫输送机的托盘自动通过冷－热－冷水的清洗和消毒。

（八）副产品加工

（1）合格的白内脏通过白内脏滑槽进入白内脏加工间，将肚和肠内的胃容物倒入风送罐内，充入压缩空气将胃容物通过风送管道输送到屠宰车间外约 50 米处，猪肚有洗猪肚机进行烫洗。将清洗后的肠、肚整理包装入冷藏库或保鲜库。

（2）合格的红内脏通过红内脏滑槽进入红内脏加工间，将心、肝、肺清洗后，整理包装入冷藏库或保鲜库。

（九）白条排酸

（1）将修割、冲洗后的白条进排酸间进行"排酸"，这是猪肉冷分割工艺的一重要环节。

（2）为了缩短白条肉排酸时间，白条在进排酸间之前设计白条的快冷工艺，快冷间的温度设计为－20℃，快冷时间设计为 90min。

（3）排酸间的温度：0~4℃，排酸时间不超过 16h。

（4）排酸轨道设计距排酸间地坪高度不低于 2 400mm，轨道间距：800mm，排酸间每米轨道可挂 3 头猪的白条。

（十） 分割包装

（1） 将排酸后的白条通过卸肉机从轨道上卸下来，用分段锯把每片猪肉分成 3～4 段，用输送机自动传送到分割人员的工位，再由分割人员分割成各个部位肉。

（2） 分割好的部位肉真空包装后，放入冷冻盘内用凉肉架车推到结冻库（－30℃）结冻或到成品冷却间（0～4℃）保鲜。

（3） 将结冻好的产品托盘后装箱，进冷藏库（－18℃）储存。

（4） 剔骨分割间温控：10～15℃，包装间温控：10℃以下。

第二节 舜皇山土猪肉制品加工规范

一、冷却猪肉加工

冷却猪肉又称冷鲜肉，是指严格执行检疫、检验制度屠宰后的生猪胴体，经锯（劈）半后迅速进行冷却处理，使胴体深层肉温（一般为后腿中心温度）在 24h 内迅速降为 －1～7℃，并在后续的分割加工、流通和销售过程中始终保持在冷链条件下的新鲜猪肉（图 6－2）。

图 6－2 冷却分割肉

（一） 原料来源

（1） 生猪来自舜皇山土猪地理标志区域，并持有产地动物防疫监督机构出具的检疫证明。公、母种猪及晚阉割猪不应用于加工冷却肉。

（2） 用于加工分割肉的片猪肉原料，应符合 GB 9959.1 的要求，且原料表面微生物菌落总数应小于 $5 \times 104 CFU/cm^2$，在生猪屠宰、冷却后，后腿中心的温度降到 7℃ 以下时方可出冷却间分割，严禁使用 PSE 片猪肉、DFD 片猪肉作为加工冷却猪肉的原料。

（二） 屠宰加工

按 GB/T 17236 规定操作。

（三） 修整

冷却片猪肉的加工要求应符合 GB 9959.1 规定进行修整（图 6－3）。

图 6 - 3　猪肉修整

（四）喷淋减菌

用有机酸溶液（如压力为 $0.3 \times 10^6 Pa \sim 0.5 \times 10^6 Pa$，浓度为 $1.5\% \sim 2.0\%$ 的乳酸）对加工后的胴体进行喷淋减菌。

（五）冷却

片猪肉应使用吊挂方式冷却，采用一段式冷却法或二段式冷却法工艺。副产品冷却间设计温度宜为 $-3 \sim 0\,℃$。

1. 一段式冷却法

片猪肉冷却间相对湿度应为 $75\% \sim 95\%$，温度应为 $-1 \sim 4\,℃$，胴体间距 $3 \sim 5 cm$，冷却时间 $16 \sim 24 h$。

2. 二段式冷却法

快速冷却：修整合格的分割片猪肉进入环境温度 $-15\,℃$ 以下的快速冷却间进行冷却，冷却时间 $1.5 \sim 2 h$，然后进入预冷间预冷。

预冷：预冷间温度应为 $-1 \sim 4\,℃$，胴体间距 $3 \sim 5 cm$，冷却时间 $14 \sim 20 h$。

（六）分割

用于分割加工的片猪肉，应采用冷剔骨工艺，按 GB 9959.2 的要求分段、分割、修整。

分割或包装后的产品，应及时送入环境温度 $-1 \sim 4\,℃$ 的预冷间冷却贮存。

（七）检验检疫

（1）用于冷却猪肉加工的原料应该由兽医人员按《肉品卫生检验试行规程》、GB/T 17996 进行宰前、宰后检验检验和处理；病害肉尸按 GB 16548 进行生物安全处理。

（2）如在胴体、头部、内脏发现一二类疫病，应立即会同兽医人员挑出同一头猪的其他部位肉，作相应的生物安全处理。

（八）感官指标、理化指标和卫生物指标

冷却猪肉的感官要求、理化指标和微生物指标应符合 NY/T 632 规定。

（九）生产加工过程温度

1. 环境温度

冷却片猪肉专用加工间、冷却肉加工间应不高于 $12\,℃$；包装间应不高于 $10\,℃$；快

速冷却间应在 -15℃以下；预冷间应为 -1 ~4℃。

2. 产品温度

用于加工冷却分割猪肉的片猪肉，后腿中心温度应不高于7℃；分割、包装环节加工合格的分割猪肉产品中心温度应不高于10℃；冷却猪肉装车配货时中心温度应在 0 ~4℃之间。

（十）　生产加工过程周转时间

从片猪肉出库、分割到产品入 -1 ~4℃库的时间应控制在 1.5h 内，产品在分割生产线上积压时间不得超过 10min；包装好的产品应及时入库存放，在包装现场存放时间不得超过 30min。

（十一）　生产各阶段卫生（仅限于清洁区）

（1）清洁区空气菌落总数应不高于30CFU/（皿·5min）（Φ90mm 平皿静置 5min）。

（2）工器具、机械设备、操作台面、操作手等表明微生物菌落数总数应高于 100CFU/cm²。

（3）经82℃热水冲淋后，胴体体表微生物菌落总数应不高于 $1 \times 104CFU/cm^2$。

（4）经有机酸溶液冲洗后，胴体体表微生物菌落总数应不高于 $1 \times 108CFU/cm^2$。

（5）其他卫生要求应符合 GB/T 20575 的规定。

（十二）　包装

采用真空包装或气调包装（氮气）。包装材料应符合国家相关法规、标准的规定。

1. 真空包装

产品应按工艺要求抽真空、封口。热收缩包装宜包装后立即浸入 82 ~84℃的热水中 1 ~2s，进行热收缩或其他工艺处理，然后再浸入 0 ~4℃冷水中冷却，冷却时间不低于 2min。

2. 气调包装

包装袋应采用空气透过率低的薄膜，袋内充有氮气。

（十三）　贮存

（1）冷却猪肉贮存时应按标识要求，置于 -1 ~4℃贮存库中，产品中心温度应保持在 0 ~4℃。

（2）贮存库应保持清洁、整齐、通风，应防霉、除霉、定期除霜，并应符合国家有关卫生要求，库内有防霉、防鼠、防虫设施，定期消毒。

（3）贮存库内不应存放有碍卫生的物品，同一库内不得存放可能造成相互污染或者串味的食品。

（4）贮存库内肉品码垛与墙壁距离应不少于 30cm，与地面距离应不少于 10cm，与天花板应保持一定距离，分类、分批、分垛存放，标识清楚。

二、冷冻肉加工生产规范

（一）　原料来源

（1）生猪来自舜皇山土猪地理标志区域，并持有产地动物防疫监督机构出具的检疫证明。公、母种猪及晚阉割猪不应用于加工冷却肉。

（2）用于加工分割肉的片猪肉原料，应符合 GB 9959.1 的要求，且原料表面微生物菌落总数应小于 $5 \times 104CFU/cm^2$，在生猪屠宰、冷却后，后腿中心的温度降到 7℃ 以下时方可出冷却间分割，严禁使用 PSE 片猪肉、DFD 片猪肉作为加工冷却猪肉的原料。

（二）屠宰加工

按 GB/T 17236 规定操作。

（三）修整

冷却片猪肉的加工要求应符合 GB 9959.1 规定。

（四）冷冻加工

分割冷冻肉速冻终温应在 120min 内达到其中心温度为 -15℃ 以下。冻结分为 1 次冻结和 2 次冻结。

1. 一次冻结

宰后鲜肉不经冷却，直接送进冻结间冻结。冻结间温度为 -25℃，风速为 1 ~ 2m/s，冻结时间 16 ~ 18h，肉体深层温度达到 -15℃，即完成冻结过程，出库送入冷藏间贮藏。

2. 二次冻结

宰后鲜肉先送入冷却间，在 0 ~ 4℃ 温度下冷却 8 ~ 12h，然后转入冻结间，在 -25℃ 条件下进行冻结，一般 12 ~ 16h 完成冻结过程。

（五）检验检疫

（1）用于冷冻猪肉加工的原料应该由兽医人员按《肉品卫生检验试行规程》、GB/T 17996 进行宰前、宰后检验检验和处理；病害肉尸按 GB 16548 进行生物安全处理。

（2）如在胴体、头部、内脏发现一二类疫病，应立即会同兽医人员挑出同一头猪的其他部位肉，作相应的生物安全处理。

（六）感官指标、理化指标和卫生物指标

冷冻猪肉的感官要求、理化指标和微生物指标应符合 NY/T 632 规定。

（七）冻结肉的冷藏

（1）冷冻条件。冻结肉冷藏间的空气温度通常保持在 -20℃ 以下，相对湿度 95% ~ 100%，在正常情况下温度变化幅度不得超过 1℃。在大批进货、出库过程中一昼夜不得超过 4℃。

（2）保质期。冷冻猪肉保质期 10 个月。

（八）冻结肉的解冻

（1）空气解冻法。将冻肉移放到解冻间，靠空气介质与冻肉进行热交换解冻的方法。一般把在 0 ~ 5℃ 空气中解冻称为缓慢解冻，在 15 ~ 20℃ 空气中解冻称为快速解冻。

（2）液体解冻法。液体解冻法主要用水浸泡或喷淋的方法。其优点是解冻速度较空气解冻快。缺点是耗水量大，同时还会使部分蛋白质和浸出物损失，肉色淡白、香气减弱。水温 10℃，解冻 20h；水温 20℃，解冻 10 ~ 11h。解冻后的肉，因表面湿润，需放在空气温度 1℃ 左右的条件下晾干。如果封装在聚乙烯袋中再放在水中解冻则可以保证肉的质量。

（3）蒸汽解冻法。蒸汽解冻法的优点在于解冻的速度快，但肉汁损失比空气解冻大得多。然而重量由于水汽的冷凝会增加 0.5% ~ 4.0%。

（4）微波解冻法。可使解冻时间大大缩短。同时，能够减少肉汁损失，改善卫生条件，提高产品质量。此法适于半片胴体或 1/4 胴体的解冻。具有等边几何形状的肉块利用这种方法效果更好。因为在微波电磁场中，整个肉块都会同时受热升温。微波解冻可以带包装进行，但是包装材料应符合相应的电容性和对高温作用有足够的稳定性。最好用聚乙烯或多聚苯乙烯，不能使用金属薄板。

三、酱卤肉制品生产规范

酱卤肉制品的定义：以鲜（冻）畜禽肉和可食副产品放在加有食盐、酱油（或不加）、香辛料的水中，经预煮、浸泡、烧煮、酱制（卤制）等工艺加工而成的酱卤系列肉制品。根据加工工艺不同分为两大类：酱制品类、卤制品类。酱制品类是指以鲜（冻）畜、禽肉为主要原料，经清洗、修选后，配以香辛料等，去骨（或不去骨）、成型（或不成型），经烧煮、酱制等工序制作的熟肉制品。卤制品类以鲜（冻）畜、禽肉为主要原料，经清洗、修选后，配以香辛料等，去骨（或不去骨）、成型（或不成型），经烧煮、卤制等工序制作的熟肉制品。应用猪头、耳、舌、蹄、尾、心、肚等副产品为原料，经过对传统加工工艺的改进，应用新型的食品配料，引入现代的包装形式及高温杀菌工艺，大大提高了该类品种的食品卫生安全性和货架期。

（一）原料

鲜、冻猪肉应符合 GB 9959.1 的规定；水应符合 GB 5749 的规定；食用盐符合 GB 5461 的规定；谷氨酸钠应符合 GB/T 8967 的规定；酱油应符合 GB 2717 的规定；酱应符合 GB 2718 的规定；其他原辅料及食品添加剂量应符合国家相关标准及有关规定（图 6 - 4）。

图 6 - 4　新鲜猪肉原料

（二）生产工艺

原料选择→解冻→修整→漂洗→预煮 95℃/5min 左右→酱卤 95℃/1.5 ~ 2h→拆骨→头肉浸味 85℃/40 ~ 60min→出锅冷却造型→糖熏→保温检验→入库或市销。一般采用猪头、耳、舌、蹄、尾、心、肚等副产品为原料，经过对传统加工工艺的改进，应用新型的食品配料，引入现代的包装形式及高温杀菌工艺，大大提高了该类品种的食品卫生安全性和货架期。

（三）酱肉加工

1. 工艺流程

原料选择→原料整理→焯水→清汤→码锅→酱制→出锅→掸酱汁→成品。

2. 配方

（按 50kg 猪肉或猪肘子计算）：

花椒 100g	蔻仁	25g
大料 100g	丁香	10g
桂皮 150g	陈皮	25g
大葱 500g	白糖（炒糖色用）	100g
鲜姜 250g	大盐	2.5～3kg
香叶 25g	明矾	适量（1～2 块捣碎，以备清汤用）
砂仁 25g		

将以上各种香辛调味装入宽松的纱布袋内，扎紧袋口，不宜装得过满，以免香料遇水胀破纱袋和香味不宜扩散，影响酱制质量。大葱和鲜姜另装一个料袋，因这种辅料一般只是一次性使用（图 6-5）。

图 6-5　加工成酱肉

3. 加工工艺

（1）原料选择。酱制猪肉，对原料的合理选择十分重要。要选用经兽医卫生检验合格的、现行国家等级标准、二级鲜猪肉较合适，且要求皮嫩膘薄，膘厚不宜超过 2cm，以猪肘子、猪五花等部位为佳。

（2）原料整理。酱制原料整理加工是做好酱肉的重要一环，一般分洗涤、分档、刀工等几道工序。

首先用喷灯把猪皮上带的长、短毛烧干净，而后用小刀刮净皮上的焦煳，去掉肉体上的排骨、腔骨、杂骨、软骨、碎骨、淋巴结、淤血、杂污、板油及多余的肥肉、奶哺，最好选择五花肉，切成 17cm 长、14cm 宽、厚度不超过 6～8cm 的肉块，达到大小均匀。然后将准备好的原料肉块放如有流动自来水的容器内浸泡 4h 左右。泡去血腥味，捞出并用硬毛刷字洗干净，以备入锅酱制。

（3）焯水。将准备好的原料肉块投如沸水锅内加热，煮至半熟。原料肉经过这样的处理后，再入酱锅酱制。把准备好的料袋、盐和水同时放在铁锅内，烧开、熬煮。放水量要一次性兑足，不要在酱制过程中加热水，以免使原料因受热不均匀而影响原料肉的水煮质量，一般控制在刚好淹没原料肉为好，控制好火力的大小、以保持汤面微沸和原料肉的鲜香与滋润度。要根据需要视其原料肉老嫩、适时有区别地从汤面沸腾处，捞出原料肉（要一次性地把原料肉同时放入锅内，不要边煮边捞又边下料，影响原料肉的新鲜味和色泽），煮制时不盖锅盖，随时撇出浮油和血沫，煮制时间40min左右，捞出的原料肉块，用凉水洗净肉块上的血沫和油脂。同时把原料肉分成肥、瘦、软、硬，以待码锅。

（4）清汤。待原料肉捞出后，再把锅内的汤过一次笊、去净锅底和汤中的肉渣、并把汤面浮油用铁勺撇净，如果发现汤面要沸腾，适当加入一些凉水，不使其沸腾，直到把杂质浮沫撇干净，观察汤成微清的透明状、清汤即可。如果感觉汤清的不够理想，可加明矾继续清干净为止。

（5）码锅。码锅前要把煮锅用清水洗干净，不得有杂质、油污，并放入1.5～2kg的自来水，以防干锅。用一个约40cm直径的圆铁状箅子垫在锅底上，然后用20cm长、6cm宽的竹板，但必须做到不带杂质，而且用碱水刷洗干净，自来水冲净碱水后方可使用，整齐地码垫在铁箅四周边缘上，紧靠在铁锅内壁上，沿锅壁码放一排或二排竹板成圆形，然后再用一个高40cm，直径为12cm的圆铁筒，筒壁上有2cm直径的不规则圆眼数十个，竖放在铁血型箅中心。此后把半成品猪肉，逐个从锅竖着放，每片猪肉要紧贴着，围码成圆形。在猪肉相接处留出出锅的记号，或用经过热水冲洗干净的料袋夹在其间，留出出锅记号，以便出锅。以此类推码至煮锅壁处。根据猪肉的数量可以码成数层，注意一定要码紧、码实，防止开锅时沸腾的汤把猪头肉冲散。同时，码锅时不要把肉渣掉入锅底，防止糊锅。最后把清好的汤放入码好猪肉的锅内，并漫过猪肉面6cm左右，避免酱制中途加凉或凉水，使猪肉受热不均匀，影响产品质量。

（6）酱制。码锅后盖上锅盖，用旺火煮2～3h，然后大开锅盖，适量放糖色使汤液达到栗子色，以补就煮制中的颜色的不足。等到汤逐渐变稠时，改用中火焖煮60min左右后、用手触摸肉块是否熟软，尤其是肉皮是否煮软烂，但也要注意肉块不可成烂泥状。

（7）出锅。酱猪肉达到半成品时应及时把中火改为微火，微火千万不能熄灭，汤汁要做到小泡不能间断，否则酱汁出油，不能成酱汁。出锅时用小平板铁铲从猪肉码放时留出的出锅记号处铲住猪头皮的位置，放在铲上，肉面朝上取出。然后放在盘子内，猪头皮朝上，用小杈子把整理好的猪肉逐个紧拢在盘内，不留空隙。然后把煮锅内的竹板、铁筒、铁箅子取出，使用微火不停地用铁勺搅拌锅内汤汁，要始终保持汤汁内的小泡不断出现，直到黏稠状。如果颜色浅，在搅拌当中再继续放一些糖色，达到深栗子色即为酱汁。此时应及时把酱汁从铁锅中取出，放入洁净的容器内，继续用铁勺在容器内搅拌、散热，使酱汁的温度降至60～70℃，用炊帚头部沾酱汁，刷在猪肉上，不要往猪肉上抹，经刷薄薄的一层酱汁后的猪肉晾凉即为成品。切不可用淀渗在汤汁内做酱汁，否则会失去酱猪肉的香味。

（四）卤猪肉加工

1. 原料加工

将猪肉切成块状，每块重约 300～500g，长度 27cm，宽 2.3cm 或 6.7cm。

2. 卤水配料

清水 100kg、老抽 20kg、绍酒 10kg、冰糖 18kg、精盐 2kg、八角 1kg、甘草 1kg、桂皮 1kg、苹果 1kg、沙姜 0.5kg、丁香 0.5kg、花椒 0.5kg。

3. 配制卤水

将上列辅料用白布包好，放在清水锅内煮 1h，即为卤水。包好的材料还可以留下待下次再煮，煮成的卤水可以连续使用，每次煮完后，除去杂质泡沫，撇去浮油，净下来的净卤水再加入食盐煮沸后，即将卤水盛入瓦缸中保存（称卤水缸）。下一次卤制时，便把卤水倒入锅里，并放入上回的"辅料"再煮，如辅料包已翻煮多次应重新投放新的"辅料包"，以保持卤水的质量。

4. 卤制

将切好的肉坯放入开水锅里，泡煮 15 分钟捞起，用清水洗净，然后放入保持 90℃温度的卤水锅内浸卤 40min，即为成品。

5. 质量要求

（1）感官要求。应符合表 6-1 要求。

表 6-1　感官要求

项　目	指　标
外观形态	外形整齐，无异物
色　泽	酱制品表面为酱色或褐色，卤制品为该品种应有的正常色泽
口感风味	咸谈适中，具有酱卤制品特有的风味
组织形态	组织紧密
杂　质	无肉眼可见的外来杂质

（2）理化指标。应符合表 6-2 规定。

表 6-2　理化指标

项　目	指　标
蛋白质/（g/100g）	≥20.0
水分/（g/100g）	≤70.0
食盐/（以 NaCL 计）/（g/100g）	≤4.0
亚硝酸盐/（mg/kg）	
铅/（mg/kg）	
无机砷/（mg/kg）	应符合 GB 2726 规定
镉/（mg/kg）	
总汞/（mg/kg）	
食品添加剂	应符合 GB 2760 规定

（3）微生物指标。应符合 GB 2726 的规定。罐头工艺生产的酱、肉制品应符符合罐头食品商业无菌的要求。

（4）净含量。应符合《定量包装商品计量监督管理办法》。

6. 检验规则

（1）出厂检验。

①检验项目：预包装酱肉制品每批出厂检验项目为感官要求、净含量、菌落总数、大肠菌群；罐头工艺生产的酱肉制品出厂检验项目为感官要求、净含量、商业无菌。水分、食盐、蛋白质等项目应不少于每 7d 检验 1 次。

散装酱肉制品每批出厂检验项目为感官要求。水分、食盐、蛋白质、菌落总数、大肠菌群等项目应不少于每 7d 检验 1 次。

②组批和抽样：同一批投料、同一生产线、同一班次生产的同一生产日期、同一规格的产品为一批。每批抽样数独立包装不应少于 8 个（不含净含量抽样），样品量总数不少于 2kg，检样一式两份，供检验和复检备用。

③判定：出厂检验项目全部符合本标准要求时，判定为合格；检验结果不符合本标准要求时，使用备检样品对不合格项目进行复检（微生物指标不合格不得复检），如复检结果仍有 1 项不合格，则判定该批产品为不合格产品。

（2）型式检验。

①正常生产时应每 6 个月进行一次型式检验。此外有下列情况之一时，亦应进行型式检验。

a. 新产品试制鉴定时；

b. 原料、生产工艺有较大改变，可能影响产品质量时；

c. 产品停产半年以上，恢复生产时；

d. 出厂检验结果与上一次型式检验结果有较大差异时；

e. 国家质量监督机构提出要求时。

②检验项目：感官要求、理化指标、微生物指标和净含量。

③抽样：随机抽取同一批次不少于 10 个独立包装的样品（不含净含量抽样），样品量的总数不少于 3kg，检样一式两份，供检验和复检备用。

④判定：检验项目全部符合本标准要求时，该批产品判定为合格；检验结果不符合本标准要求时，使用备检样品对不合格项目进行复检（微生物指标不合格不得复检），如复检结果仍有 1 项不合格，则判定该批产品为不合格产品。

7. 标志、包装、运输、贮存

（1）标签和标志。产品标签应符合 GB 7718 的规定，包装运输标志应符合 GB/T 191 的规定。

（2）包装。使用复合包装材料应符合 GB 9683 和有关标准规定的要求，其他包装材料和容器必须符合相应国家标准和有关规定（图 6 - 6）。

（3）运输。运输产品时应避免日晒、雨淋。不得与有毒、有异味或影响产品质量的物品混装运输。运输工具应保持清洁、干燥、无污染。散装销售产品的运输应符合

图 6-6　成品真空包装

《散装食品卫生管理规范》。

　　（4）贮存。

　　①高温灭菌预包装产品及罐头工艺生产的产品应在阴凉、干燥、通风处贮存；低温灭菌的产品应在 0~4℃冷藏库内贮存，，库房内应有防尘、防蝇、防鼠等设施。不得与有毒、有异味或影响产品质量的物品共存放。

　　②产品贮存应离墙离地，分类堆放。

　　③散装销售产品的贮存应符合《散装食品卫生管理规范》。

四、腌腊肉制品生产规范

（一）原料

制作腌腊肉制品的原料和辅料应符合相应的国家标准和有关规定。

（二）感官指标

感官指标符合表 6-3 的规定（图 6-7）。

表 6-3　感官指标

项　　目	要　　求
外　　观	外表光洁、无黏液、无霉点。灌肠制品的肠衣干燥且紧贴肉
色　　泽	具有该肉制品应有的光泽，切面的肌肉呈红色或暗红色，脂肪呈白色
组织状态	组织致密，有弹性，无汁液流出，无异物
滋味和气味	具有该产品固有的滋味和气味，无异味，无酸败味

图 6-7　腊肉成品

（三）理化指标

理化指标应符合表6－4规定。

表6－4　理化指标

项　　目		指　　标
水分（g/100g）		
灌肠制品、腊肉	≤	25.0
非烟熏板鸭	≤	48.0
烟熏板鸭	≤	35.0
过氧化值（以脂肪计）（g/100g）		
火腿	≤	0.25
腊肉、咸肉、灌肠制品	≤	0.50
非烟熏、烟熏板鸭	≤	2.50
酸价（以脂肪计）（mgKOH/g）		
灌肠制品、腊肉、咸肉	≤	4.0
非烟熏、烟熏板鸭	≤	1.6
三甲胺氮（mg/100g）		
火腿	≤	2.5
苯并（a）芘[a]（μg/kg）	≤	5
铅（Pb）（mg/kg）	≤	0.2
无机砷（mg/kg）	≤	0.05
镉（Cd）（mg/kg）	≤	0.1
总汞（以Hg计）（mg/kg）	≤	0.05
亚硝酸盐残留量		按GB 2760的规定执行

a 仅适用于经烟熏的腌腊肉制品

（四）食品添加剂

（1）食品添加剂质量应符合相应的标准和有关规定。

（2）食品添加剂的品种和使用量应符合GB 2760的规定。

（五）食品生产加工过程的卫生要求

腌腊肉制品生产加工过程的卫生要求应符合GB 12694的规定。

（六）包装

包装容器与材料应符合相应的卫生标准和有关规定。

（七）标识

定型包装的标识要求按GB 7718的规定执行。

（八）贮存及运输

1. 贮存

产品应储存在干燥、通风良好的场所。不得与有毒、有害、有异味、易挥发、易腐蚀的物品同处贮存。

2. 运输

运输产品时应避免日晒，雨淋。不得与有毒、有害、有异味或影响产品质量的物品混装运输。

（九）检验方法

1. 感官要求

按 GB/T 5009.44 规定的方法检验。

2. 理化指标

（1）水分。按 GB/T 5009.3 规定的方法测定。

（2）过氧化值。样品处理按 GB/T 5009.44 规定的方法操作，按 GB/T 5009.37 规定的方法测定。

（3）酸价。按 GB/T 5009.44 中 14.3 规定的方法测定。

（4）三甲胺氮。按 GB/T 5009.202 中规定的方法测定。

（5）苯并（a）芘。按 GB/T 5009.27 规定的方法测定。

（6）铅。按 GB/T 5009.12 规定的方法测定。

（7）无机砷。按 GB/T 5009.11 规定的方法测定。

（8）镉。按 GB/T 5009.15 规定的方法测定。

（9）总汞。按 GB/T 5009.17 规定方法测定。

（10）亚硝酸盐。按 GB/T 5009.33 规定方法测定。

五、熏煮香肠与火腿生产规范

（一）原料

（1）制作腌腊肉制品的原料和辅料应符合相应的国家标准和有关规定。

（2）原料肉应经过去皮、骨、筋腔等工序。

（3）原料肉应不沾污、不混有其他杂质。

（二）熏煮香肠火腿生产规范

1. 原辅材料验收处理

原料采购验收：保证原料肉来自非疫区的合格供方，具备检疫合格证、检验合格证、检测报告，并抽样检验；其他原辅料供应商提供三证，符合食用标准，规格标准符合采购计划或合同要求。仓库保管或车间根据质检员开具的物料进厂检验单，对原材料验质验量入库。

2. 原料预处理、配料

原料肉解冻、修整、清洗等工序对原料的卫生、温度、时间、操作程序等严格执行生产流程；配料应根据原料定量标准投放辅料，以保证产品的风味一致（图 6 - 8）。

3. 斩拌、滚揉、腌制、灌装

将称量好的肉料加入其他辅料，斩拌或滚揉均匀，进行一定时间的腌制；腌制完成的物料进入灌装机进行灌装，包装材料事先进行过适当的紫外线杀菌（图 6 - 9）。

4. 蒸煮、熏烤、冷却

将灌装好的半成品夹层锅蒸汽加热、熟制，产品中心温度达到 85℃，保持 10 ~

图 6 – 8　配料

图 6 – 9　香肠灌装

20min，然后放入烟熏炉熏制，产品温度降至38℃以下时进行出炉，出炉后注意观察产品外观是否正常，中心温度是否达到工艺要求，最好切开观察产品切面是否正常。产品出炉后应进行冷水喷淋冷却，使产品中心温度低于30℃，即可放入冷却间进行冷却（图 6 – 10、图 6 – 11）。

图 6 – 10　熏蒸

5. 包装、二次杀菌

冷却后检查产品状态（化验室检验为合格品，外观洁净度良好，无明显缺陷）合格后方可进行包装。包装后的产品进行二次杀菌，杀菌温度 95℃，保持

图 6 – 11 香肠成品

3min（图 6 – 12）。

图 6 – 12 包装成品

6. 检验、装箱入库

查看包装产品外观、打印日期和封口有无残缺及破损、肉眼可见杂质后，判定产品合格方能进行装箱加合格证；库房内应有防尘、防蝇、防鼠等设施。不得与有毒、有异味或影响产品质量的物品共存放。产品贮存离墙离地，分类存放，堆码入库。

（三）感官要求

应符合表 6 – 5 的规定。

表 6 – 5 感官要求

项　目	指　标
外观	肠体干爽，有光泽，粗细均匀，无黏液，不破损
色泽	具有产品固有颜色，且均匀一致
组织状态	组织致密，切片性能好，有弹性，无密集气孔，在切面中不能有大于直径为 2mm 以上的气孔，无汁液
风味	咸淡适中，滋味鲜美，有各类产品的特有风味，无异味

（四）理化指标

应符合表 6 – 6 的规定。

表 6 - 6　理化指标

项　目		指　标		
		特级	优级	普通级
水分/（g/100g）	≤	70		
氯化物（以 NaCl 计）/（g/100g）	≤	4		
蛋白质/（g/100g）	≥	16	14	10
脂肪/（g/100g）	≤	25		
淀粉/（g/100g）	≤	3	4	10

（五）卫生指标

1. 金属物指标

应符合表 6 - 7 的规定。

表 6 - 7　金属物指标

项　目	指　标
铅（Pb）/（mg/kg）	按 GB 2726 规定执行
无机砷/（mg/kg）	按 GB 2726 规定执行
镉（Cd）/（mg/kg）	按 GB 2726 规定执行
总汞（以 Hg 计）/（mg/kg）	按 GB 2726 规定执行
苯并（a）芘/（5g/kg）	按 GB 2726 规定执行
亚硝酸盐（以 $NaNO_2$ 计）/（mg/kg）	按 GB 2726 规定执行

a 限于烧烤和烟熏香肠。

2. 微生物指标

应符合表 6 - 8 的规定。

表 6 - 8　微生物指标

项　目		指　标
菌落总数/（CFU/g）	≤	按 GB 2726 规定执行
大肠菌群/（MPN/100g）	≤	按 GB 2726 规定执行
致病菌（沙门氏菌、金黄色葡萄球菌、志贺氏菌）		按 GB 2726 规定执行

（六）检验方法

1. 感官检验

根据产品的感官指标用眼、鼻、口、手等感觉器官对产品的外观、色泽、组织状态和风味进行评定。

2. 水分

按 GB/T 9695.15 规定的方法测定。

3. 氯化物

按 GB/T 9695.8 规定的方法测定。

4. 蛋白质

按 GB/T 9695.11 规定的方法测定。

5. 脂肪

按 GB/T 9695.1 规定的方法测定。

6. 淀粉

按 GB/T 9695.14 规定的方法测定。

7. 亚硝酸钠

按 GB/T 5009.33 规定的方法测定。

8. 微生物指标

按 GB/T 4789.17 规定的方法检验。

9. 净含量

按 JJF 1070 规定的方法测定。

（七）检验规则

1. 组批

同一班次、同一品种的产品为一批。

2. 抽样

（1）样本数量。从同一批产品中随机按下表抽取样本，并将 1/3 样品进行封存，保留备查（表 6 - 9）。

表 6 - 9   抽样表

批量范围/箱	样本数量/箱	合格判定数 Ac	不合格判定数 Re
≤1 000	5	0	1
1 001 ~ 3 000	10	1	2
≥3 001	20	2	3

（2）样品数量。从样本中随机抽取 2kg 作为检验样品。

3. 检验

（1）出厂检验。产品出厂前，须经企业质量检验部门按本标准规定逐批进行检验，检验合格后签发质量证明书方可出厂。

（2）型式检验。每年至少进行一次型式检验，有下列情况之一者，亦须进行型式检验。

①更换设备或长期停产再恢复生产时。

②原料出现大的波动时。

③出厂检验结果与上次型式检验有较大差异时。

④国家质量监督机构进行抽查时。

（3）型式检验项目。感官要求、理化指标和卫生指标。

4. 判定规则

（1）出厂检验判定与复检。

①出厂检验项目全部符合本标准要求，判该批产品为合格品。

②出厂检验项目有一项（菌落总数和大肠菌群除外）不符合本标准，可以加倍随机抽样进行该项目的复验。

③菌落总数和大肠菌群中有一项不符合本标准，判为不合格品，不应复验。

（2）型式检验判定与复检。

①型式检验项目全部符合本标准要求，判为合格品。

②型式检验项目中不超过 3 项（细菌总数、大肠菌群和致病菌除外）不符合本标准，可以加倍抽样复验，复验后有一项不符合本标准要求，判为不合格品。超过 3 项不符合本标准要求，不应复验，判为不合格品。

③细菌总数、大肠菌群和致病菌中有一项不符合本标准要求，不应复验，判为不合格品。

（八）标签与标志

（1）预包装产品销售包装的标签按 GB 7718 执行。

（2）运输包装的标志应符合 GB/T 191、GB/T 6388 的规定。

（九）包装、运输、贮存

1. 包装

包装材料应符合相关标准的规定。

2. 运输

运输工具应符合卫生要求，运输时不得与有毒、有害、有异味、有腐蚀性的货物混放、混装。运输中防挤压、防晒、防雨、防潮，装卸时轻搬轻放。

3. 贮存

（1）仓库要求。卫生、干燥，具有保温功能，不应同库贮存有毒、有害、有异味、易挥发、易腐蚀的物品。

（2）架垫要求。产品堆放应垫板，与地面距离不低于 10cm，距墙面 15cm。

（3）堆码要求。按不同批次堆码，堆码整齐。

（4）贮存。成品应在 0～4℃阴凉、干燥处贮存。

第三节 舜皇山土猪加工安全卫生管理规范

一、初级生产

（一）符合安全卫士要求

按照相关的法律、法规和政府主管部门的规定对初级生产实施有效控制，确保供宰动物符合食品安全卫生要求。

（二）初级生产安全卫士的要求

（1）建立肉类卫士的信息收集、整理和反馈系统。

（2）按规定实施疫病预防控制。

（3）按照计划实施残留物质监控。

（4）建立包括动物饲养、饲料加工和环境卫生的良好卫生规范，积极建立和应用HACCP体系。

（5）按照相关法律法规的要求建立动物的识别系统，确保动物的可追溯性。

（6）在饲料原料采购、加工、储存、运输过程中，应避免生物、化学和物理性污染。

（7）使用的饲料、饲料添加剂应保证来源、成分清楚，符合国家有关规定，并附有相应的证明材料。

（8）饲养场应符合兽医卫生要求，并在兽医的监督下生产；保证死亡动物和废弃物的处理不对人类和动物健康造成危害。

（9）兽药及疫苗的使用应符合有关规定。

（10）饲养场应建立饲养日志、记录动物健康状况、饲养情况、兽药及疫苗的使用情况和消毒情况等内容。

（11）动物装运前应政府主管部门进行检疫并出具动物检疫合格证明。

（12）装载动物的运输工具应及时清洗和消毒，装运前由政府主管部门进行检查，并出具运载工具消毒证明，运输过程应避免动物应激反应或伤害。

（13）在初级生产、运输、屠宰等过程中应遵守有关动物福利的规定。

二、车间和设备设施卫生要求

（一）车间的一般要求

（1）车间面积应与生产能力相适应，布局合理，排水畅通；车间地面应用耐腐的无毒材料修建，防滑、坚固、不渗水、无积水、无裂缝、易于清洗消毒并保持清洁；排水的坡度为 1%～2%，屠宰车间应在 2% 以上。

（2）车间入口处应设有鞋靴清洗、消毒设施。

（3）车间出入口与外界相连的排水口、通风处应安装防鼠、防蝇、防虫等设施。

（4）排水系统应有防止固体废弃物进入的装置，排水沟底角呈弧形，便于清洗，排水管应有防止异味溢出的装置以及防鼠网；排水系统的总流流向应从清洁区向非清洁区。

（5）车间内墙壁、屋顶或者天花板应使用无毒、浅色、防水、防霉、不脱落、易于清洗的材料修建，墙角、地角、顶角应具有弧度。固定物、管道、电线、电器设施等应采取适当的防护措施。

（6）车间窗户有内窗台的，内窗台应下斜约45°；车间门窗应采用浅色、平滑、易清洗、不透水、耐腐蚀的坚固材料制作，结构严密。

（7）按照生产工艺的先后次序和产品特点，将屠宰、食用副产品加工、分割、原辅料处理、半成品加工、工器具的清洗消毒、成品内包装、外包装、检验和贮存等不同清洁卫生要求的区域分开设置，防止交叉污染。

（8）冷却或冻结间及其设备的设计应避免胴体与地面和墙壁接触。

（9）车间应设有通风设施，防止天花板和生产线上方的设备上有冷凝水产生。

（10）车间内应有适度的照明，光线以不改变被加工物的本色为宜。检验岗位的照明强度应保持540Lux以上，生产车间应在220Lux以上，宰前检验区域应在220Lux以上，预冷间、通道等其他场所应在110Lux以上。生产线上方的照明设施应装有防爆设施。

（11）有温度要求的工序或场所应安装温度显示装置，车间温度应按照产品工艺要求控制在规定的范围内。预冷设施温度控制在0~4℃；腌制间温度控制在4℃以下；分割间温度控制在12℃以下；冻结间温度在-28℃以下；冷藏库温度在-18℃以下。肉制品加工按工艺要求执行。

（12）预冷设施、冻结间、冷藏库应配备自动温度记录装置，必要时配备湿度计；温度计和湿度计应定期校准。

（13）车间入口处及其他关键工序应设有标识或警示牌。

（二）更衣室、洗手消毒和卫生间设施

（1）在车间入口处、卫生间及车间内适当的地点应设置与生产能力相适应的，配有适宜温度的温水洗手设施及消毒、干手设施。消毒液浓度应能达到有效的消毒效果。洗手水龙头应为非手动开关。洗手设施的排水应直接接入下水管道。

（2）设有与生产能力相适应并与车间相连接的更衣室，必要时设卫生间、淋浴间，其设施和布局不应对产品造成潜在的污染。

（3）不同清洁程度要求的区域应设有单独的更衣室，个人衣物与工作服应分开存放。

（4）卫生间的门应能自动关闭，门、窗不得直接开向车间。卫生间内应设置排气通风设施和防蝇防虫设施，保持清洁卫生（图6-13）。

图6-13 更衣消毒风淋

（三）车间内的加工设备和设施

（1）车间内的设备、工器具和容器，采用无毒、无气味、不吸水、耐腐蚀、不生锈、易清洗消毒、坚固的材料制作。其结构应易于拆洗，其表面应平滑、无凹坑和缝隙。禁止使用竹木工器具。

（2）容器应有明显的标识或区别，废弃物容器和可食产品容器不得混用。废弃物容器应防水、防腐蚀、防渗漏。如使用管道输送废弃物，则管道的建造、安装和维护应避免对产品造成污染。

（3）加工设备的位置应便于安装、维护和清洗消毒，并按工艺流程合理排布，防止加工过程中交叉污染。

（4）屠宰加工设备应调试适当，防止屠宰加工过程中动物的消化道内容物、胆汁、尿液等污染胴体。

（5）加工车间的工器具应在专门的房间进行清洗消毒，清洗消毒间应备有冷、热水及清洗消毒设施和良好的排气通风装置。屠宰线的每道工序以及其他生产线的适当位置应配备带有82℃以上热水的刀具、电锯等的消毒设施。

（6）屠宰间、胃肠加工处理间的每道工序以及其他生产线和车间的适当位置应配备温水洗手设施。

（7）车间内不同用途的管道宜使用不同颜色或标识区分（图6－14）。

高速斩拌

图6－14　高速斩拌

（四）水的供应

（1）供水能力应与生产能力相适应，确保加工水量充足。加工用水（冰）应符合GB5749或者其他相关标准的要求。如使用自备水源作为加工用水，应进行有效处理，并实施卫生监控。企业应备有供水系统网络图。

（2）定期对加工用水（冰）进行微生物检测，按规定检测余氯含量，以确保加工用水（冰）的卫生质量；每年对水质的全面公共卫生检测不少于两次。

（3）加工用水的管道应有防虹吸或防回流装置，不应与非饮用水的管道相连接，并有标识；加工用水管道上的所有出水口都应有编号；供水管网上的出水口不应直接插入污水液面。

（4）储水设施应采用无毒、无污染的材料制成，并有防止污染的措施。应定期清洗、消毒，避免加工用水受到污染。

（5）屠宰、分割、加工和无害化处理等场所应配备热水供应系统。

（五）屠宰厂的特殊条件

（1）屠宰间面积充足，应保证操作符合要求。不应在同一屠宰间，同时，屠宰不同种类的动物。

（2）浸烫、脱毛、刮毛、燎毛或剥皮应在与宰杀明显分开的区域进行，相隔至少

5m 或用至少 3m 高的墙隔开。

（3）动物宰杀后，对胴体的修整应悬挂进行，悬挂的动物不应接触地面。

（4）同一工序应配备是够的备用工器具〔如刀具等〕，以满足交替消毒的需要。

（5）在家畜屠宰车间的适当位置应设有专门的可疑病害胴体的留置轨道，用于对可疑病害胴体的进一步检验和诊断。在冷却间或冷库的适当位置应设立与周围隔离的独立的空间或区域，用于在低温条件下暂存可疑病害胴体或组织。

（6）车间内应留有足够的空间以便于实施宰后检验。

（7）猪的屠宰间应设有旋毛虫检验室，并备有检验设施。

（8）设专门的心、肝、肺、肾加工处理间，胃、肠加工处理间和头、蹄（爪）、尾加工处理间。各食用副产品加工车间的面积应与加工能力相适宜，设备设施应符合卫生要求，工艺布局应做到脏、净分开，流程合理，避免交叉污染。

（9）胃肠加工设备的设计、安装与操作应能有效地防止对产品的污染；应安装通风装置，以防止和消除异味及气雾。设备应配有能使胃肠内容物和废水以封闭方式排入排水系统的装置；排空清洗后的胃肠应用卫生的方法运输。

（10）胃肠产品应设有专用的预冷设施、包装间。

（11）设有专门区域用于暂存胃肠内容物和其他废料。如皮、毛、角、蹄等在屠宰的当天不能直接用密封、防漏的容器运走，应设有专门的贮存间。

（12）设立兽医办公室，配有相应的检验设施和办公用具。

（六）肉制品厂（车间）的特殊条件

（1）设有与生产能力相适应的原料肉、成品储藏间或冻结间以及专用的辅料存放间。

（2）原料肉包拆除间、解冻间、切割间、配料间、腌制间、熟制间、冷却间、包装间等不同清洁卫生要求的车间应分别设置，生产流程应符合卫生要求，确保产品安全卫生。

（3）肉制品蒸煮、油炸、烘烤、烟熏设施的上方应设有与之相适应的排油烟和通风装置。

（4）热加工处理的肉制品，应根据需要配备监测加热介质温度和产品中心温度的装置。

（5）热加工处理应在独立的车间进行，生、熟加工应严格分开。

三、屠宰加工的卫生控制

（一）宰前检验

（1）供宰动物应来自非疫区，符合本标准第 5 章规定的要求并附有动物检疫合格证明和运载工具消毒证明。屠宰企业不应接受运输过程中死亡的动物、有传染病或疑似传染病的动物、来源不明或证明不全的动物。

（2）供宰动物应按国家有关规定、程序和标准进行宰前检验。宰前检验应考虑初级生产的相关信息，如动物饲养情况、用药及疫病防治情况等，并按照有关程序观察活动物的外表，如动物的行为、体态、身体状况、体表、排泄物及气味等。对有异常症状的动物应隔离观察，测量体温，并作进一步兽医检查。必要时，进行实验室检测。

（3）对判定为不适宜正常屠宰的动物，应按照有关兽医规定处理。

（4）将宰前检验的信息及时反馈给饲养场和宰后检验人员，并做好宰前检验记录。

（二）宰后检验

（1）宰后对动物头部、蹄（爪）、胴体和内脏的检验应按照国家有关规定、程序和标准执行。

（2）利用初级生产和宰前检验信息以及宰后检验结果，判定肉类是否适合人类食用。

（3）感官检验不能准确判定肉类是否适合人类食用时，应采用其他适当的手段作进一步检验或检测。

（4）经宰后检验判定应无害化处理的肉类或动物体的其他部分，按本标准8.8的规定处理。判定应废弃的肉类或动物体的其他部分应做适当标记，并用防止与其他肉类交叉污染的方式处理。废弃处理应做好记录。

（5）为确保能充分完成宰后检验，主管兽医有权减慢或停止屠宰加工。

（6）宰后检验应做好记录，宰后检验结果应及时分析，汇总后上报政府主管部门，并反馈给饲养场。

（三）加工过程的卫生控制

（1）采取适当措施，避免可疑动物胴体、组织、体液（如胆汁、尿液、奶汁等）、胃肠内容物污染其他肉类、设备和场地。已经污染的设备和场地应在兽医监督下进行清洗和消毒后，方可重新屠宰加工正常动物。

（2）加工过程中，加工人员应规范操作，以避免动物的内脏和体表污染物对肉类造成污染。

（3）被脓液、渗出物、病理组织、体液、胃肠内容物等污染物污染的胴体或产品，应按有关规定修整、剔除或废弃。

（4）加工过程中使用的工器具（如盛放产品的容器、清洗用的水管等）不应落地或与不清洁的表面接触，避免对产品造成交叉污染；当产品落地时，应采取适当措施消除污染。

（5）在适当位置设置检验岗位，检查肉类污染情况，以避免各种污染物对肉类造成污染。

（四）设备的清洗消毒

（1）在家畜屠宰、检验过程使用的某些工器具、设备，如宰杀、去角设备、头部检验刀具、开胸和开片刀锯、同步检验盛放内脏的托盘等，每次使用后，都应使用82℃以上的热水进行清洗消毒。

（2）班前班后应对车间设施、设备进行清洗消毒。生产过程中，应对工器具、操作台和接触食品的加工表面定期进行清洗消毒，清洗消毒时应采取适当措施防止对产品造成污染。

（五）温度控制

屠宰后胴体应立即预冷。分割、去骨、包装时，畜肉的中心温度应保持7℃以下，禽肉保持4℃以下，食用副产品保持3℃以下。加工、分割、去骨等操作应尽可能迅速，使产品保持规定的温度。生产冷冻产品时，应在48h内，使肉的中心温度达到−15℃以下后，方可转入冷藏库。对热加工的肉制品，应根据需要对加热介质温度和产品中心温度进行监测，并做好监测记录。

（六）肉制品加工的原料、辅料的卫生要求

（1）原料肉应来自注册的屠宰企业或肉类加工企业，并附有动物产品检疫合格证明和运输工具消毒证明，经验收合格后方准使用。

（2）进口的原料肉应来自经国家注册的国外肉类生产企业，并附有出口国（地区）官方兽医部门出具的检验检疫证明副本和进境口岸检验检疫部门出具的入境货物检验检疫证明。

（3）生产加工中应使用自然解冻、喷淋解冻、流动水解冻等适当的方式解冻原料肉，并用流动水清洗工器具，防止交叉污染。

（4）辅料应具有检验合格证，并经过进厂验收合格后方准使用。应严格按照国家有关规定采购和使用食品添加剂。

（5）超过保质期的原、辅材料不得用于生产加工。

（6）原料、辅料、半成品、成品以及生、熟产品应分别存放，防止污染。

（七）不合格品和废弃物的处理

对加工过程中产生的不合格品和废弃物，应在固定地点用有明显标志的专用容器分别收集盛装，并在检验人员监督下及时处理，其容器和运输工具应及时清洗消毒。

（八）无害化处理

（1）经宰前、宰后检验发现的患有或可疑患有传染性疾病、寄生虫病或中毒性疾病的动物肉尸及其组织应使用专门的车辆、容器及时运送，并按GB 16548的规定处理。

（2）其他经兽医判定需无害化处理的动物和动物组织应在兽医的监督下，并在专用的设施中进行无害化处理。

（3）制定相应的防护措施，防止无害化处理过程中造成的交叉污染和环境污染。

（4）做好无害化处理记录。

（九）有毒有害物品的控制

对有毒有害物品的储存和使用应严格管理，确保厂区、车间和化验室使用的洗涤剂、消毒剂、杀虫剂、燃油、润滑油和化学试剂以及其他在加工过程中必须使用的有毒有害物品得到有效控制，避免对肉类造成污染。

四、包装、储存、运输卫生

（一）包装

（1）包装物料应符合卫生标准，不应含有有毒有害物质，不应改变肉的感官特性。

（2）包装物料应有足够的强度，保证在运输和搬运过程中不破损。

（3）肉类的包装材料不应重复使用，除非包装是用易清洗、耐腐蚀的材料制成，并且在使用前经过清洗和消毒。

（4）内、外包装物料应分别专库存放，包装物料库应保持干燥、通风和清洁卫生。

（5）产品包装间的温度应符合特定的要求。

（二）储存

（1）储存库的温度应符合被储存肉类的特定要求。

（2）储存库内应保持清洁、整齐、通风，不应存放有碍卫生的物品，同一库内不应存放可能造成相互污染或者串味的食品。有防霉、防鼠、防虫设施，定期消毒。

（3）储存库内产品与墙壁距离不少于30cm，与地面距离不少于10cm，与天花板保持一定的距离，应按不同种类、批次分垛存放，并施加标识。

（4）冷库应定期除霜。

（三）运输卫士

（1）肉类运输应使用专用的运输工具，不应运输动物或其他可能污染肉类的物品。

（2）包装肉与裸装肉不应同车运输，采取物理性的隔离防护措施的例外。

（3）运输工具应符合卫生要求，并根据产品特点配备制冷、保温等设施。运输过程中应保持适宜的温度。

（4）运输工具应及时清洗消毒，保持清洁卫生。

五、人员要求

（1）从事肉类生产加工、检验和管理的人员经体检合格后方可上岗，每年应进行一次健康检查，必要时做临时健康检查。凡患有影响食品卫生的疾病者，应调离食品生产岗位。

（2）从事肉类生产加工、检验和管理的人员应保持个人清洁，不应将与生产无关的物品带入车间；工作时不应戴首饰、手表，不应化妆；进入车间时应洗手、消毒并穿着工作服、帽、鞋，离开车间时应将其换下。

（3）不同卫生要求的区域或岗位的人员应穿戴不同颜色或标志的工作服、帽，以便区别。不同加工区域的人员不应串岗。

（4）配备相应数量的兽医、检验人员。从事屠宰、肉类加工、检验和卫生控制的人员应具备相应的资格，经过专业培训并经考核合格后方可上岗。从事动物宰前、宰后检验的人员还应具有相应的兽医专业知识和能力。

六、卫生质量体系及其运行的要求

（1）建立并有效运行卫生质量体系，制定指导卫生质量体系运行的体系文件，并根据 GB/T 19538 标准建立实施 HACCP 计划。企业在建立实施 HACCP 计划时，应按以下内容操作。

①制定并有效实施基础计划。

②在进行危害分析时，充分考虑屠宰动物的种类、肉类产品的预期用途。

③保证制定的关键限值和操作限值具有可操作性，并符合有关法律法规、标准的规定。

④充分考虑 HACCP 计划的验证频率，必要时，取样进行实验室检验。

⑤充分考虑 HACCP 计划的有效性，确保肉类及其制品安全卫生。

（2）明确企业的卫生质量方针和目标，配备相应的组织机构，提供足够的资源，确保卫生质量体系的有效实施。

（3）具有与生产能力相适应的检验机构。企业检验机构应具备检验工作所需要的方法、标准资料、检验设施和仪器设备，并建立完善的内部管理制度，以确保检验结果的准确性；检验要有原始记录。委托社会实验室承担检测工作的，该实验室应具有相应的资质。委托检测应满足企业日常卫生监控和检验工作的需要。

（4）产品加工、检验和维护卫生质量体系运行所需要的计量仪器、设备应按规定进行计量检定，使用前应进行校准。

（5）制定书面的 SSOP 程序，明确执行人的职责，确定执行频率，实施有效的监控和相应的纠正预防措施。SSOP 应至少包括以下内容。

①确保接触肉类（包括原料、半成品、成品）或与肉类有接触的物品的水和冰符合安全、卫生要求。

②确保接触肉类的器具、手套和内外包装材料等清洁、卫生和安全。

③确保肉类免受交叉污染。

④保证操作人员手的清洗消毒，保持卫生间设施的清洁。

⑤防止润滑剂、燃料、清洗消毒用品、冷凝水及其他化学、物理和生物等污染物对肉类造成安全危害。

⑥正确标注、存放和使用各类有毒化学物质。

⑦保证与肉类接触的员工的身体健康和卫生。

⑧预防和消除鼠害、虫害。

（6）制定和执行原料、辅料、半成品、成品及生产过程卫生控制程序和加工、检验操作规程，并做好记录。

（7）制定和执行加工设备、设施的维护程序，防止其对产品造成污染，并保证加工设备、设施满足生产加工的需要。

（8）制定和执行不合格品控制程序，规定不合格品的标识、记录、评价、隔离处置和可追溯性等内容。

（9）建立产品标识、追溯和召回制度，当肉类及其制品中存在不可接受的风险时，确保能追溯并及时撤回产品。

（10）制定和实施职工培训计划并做好培训记录，保证不同岗位的人员掌握相应的肉类安全卫生知识和岗位操作技能。

（11）建立内部审核制度，每半年至少进行 1 次内部审核，一年进行 1 次管理评审，并做好记录。

（12）对反映产品卫生质量情况的有关记录，企业应制定并执行质量记录管理程序，对质量记录的标记、收集、编目、归档、存储、保管和处理做出相应规定。所有记录应准确、规范并具有可追溯性，保存期不少于 2 年。

第四节　生鲜制品的质量与管理

一、生鲜制品的保存与管理

生鲜制品是利用低温贮藏方法来保持其原有的鲜度味道与品质。低温贮藏方法可分为冷却、冷藏、冷冻3种，生鲜制品在低温贮藏与品质保持期之间存有一定的关系，原则上贮藏温度愈低，其保存期愈长。

（一）低温流通环节品质管理

低温配送系统的主要目的是为了保持鲜度及降低成本，包括贮藏、检查、分切加工、运送等工序。鲜度是生鲜制品的生命，要想保持生鲜制品的商品价值，就必须执行严格的卫生管理与品质管理制度，否则，生鲜制品发生劣变，将影响产品的品质与商家的声誉。具体方法有以下三点。

（二）原料之品质管理

生鲜制品就色香味来说应考虑原料鲜度与成熟度，就保存期来说则要选择微生物污染最少的原料，原料的卫生状况将直接影响到产品的品质与保鲜期。

（三）加工环节卫生管理

关键是防止二次污染、异物、杂质混入及外部环境污染。因此，对加工场所及作业人员必须执行严格的卫生消毒制度。

（四）温度管理

确保生鲜制品尽可能地在低温状态下存放来防止腐败及延长保鲜时间。

（五）冷却肉保鲜要点

（1）肉品中心温度要低于5℃，理想的温度最好在0℃左右，在0～1℃可以延缓成熟后的自溶变化和微生物的繁殖。

（2）为了防止肉色的变化及肌红蛋白和脂肪的氧化，冷却肉不要直接与光和空气接触，用保鲜盒包装可以有效地减少肌肉表面水分的蒸发。

（3）要减少微生物，必须从最开始时进行，严格控制原始菌数。

（4）分切加工的速度要快，作业场所的温度要求控制在10℃以下。

（5）专卖店的内部设施、用水、从业人员、包装材料等必须符合严格的卫生管理。

二、连锁店冷却肉的保鲜管理

（一）温度管理

冷却肉的保藏温度以接近肉的冻结点温度为最好，一般要求肉品中心温度在0℃左右为宜。在温度上升时，细菌则会迅速繁殖，其上限温度为4～5℃，超过4～5℃时鲜度将以很快的速度下降。所以，对专卖店中冷藏展销柜的温度要求最好能稳定控制在0℃左右。

（二）微生物的繁殖控制

冷却肉的卫生状况要求微生物的污染程度为最小，即原始菌数要求控制最低，这就要求进货时选择微生物污染较小的肉；其次要尽量在不利于微生物增殖的条件下进行分割、包装、销售。因此，要维持冷却肉在零售品管方面有最佳的新鲜度，必须具备三个条件。

（1）低温环境下加工、运输、展销。

（2）加工环节要尽可能的快，以减少微生物的污染。

（3）要保持一种安全卫生的加工展销环境。

（三）零售阶段品质管理方法

1. 进货检验

（1）对生鲜肉种类、部位、重量、宰杀时间进行检查，确保生鲜制品的新鲜度。

（2）对加工肉品要对其加工日期进行检查，对于超出或临近保鲜期的要予以拒收。

2. 现场分割加工要点

（1）屠体或部位肉不可直接放于室温下。

（2）肉品不可直接与不清洁的包装容器（或物品）接触，也不可放置在不清洁的容器内。

（3）从冷藏库中取出冷却肉要迅速加工，缩短加工时间。

（4）冷藏库门尽量少开，以保持库温恒定。

（5）第一批原料加工后，再从库中取下一批，严禁肉品积压案上，导致回温。

3. 冷却肉的补充陈列

（1）在冷藏展销柜中，摆列的生鲜肉品量不宜太多，要少摆多补。

（2）在展销环节中，若发现有不良品质，要马上拿开，防止交叉污染。

（3）专卖店管理员，在开店后，要定时（2～3h/次）测定肉品鲜度；对于不新鲜的冷却肉，要及时作出相应的处理。

另外，冷却肉在切片或绞碎后，再放入保鲜盒内，于冷藏柜中展销时，常有出水现象，这主要是因为保鲜盒透气性差，为绝缘隔热材料，肉品放入后，在冷藏柜中展销时，温度降低很慢，因此，常有出水现象。解决出水的方法，一是加工前对肉充分预冷；二是在盒底衬上能吸水的纸或其他材料，以便吸收血水，保持美观（图6－15）。

图6－15　新鲜猪肉

4. 冷却肉保鲜要点

（1）肉品中心温度要低于5℃，理想的温度最好在0℃左右，在0~1℃可以延缓成熟后的自溶变化和微生物的繁殖。

（2）为了防止肉色的变化及肌红蛋白和脂肪的氧化，冷却肉不要直接与光和空气接触，用保鲜盒包装可以有效地减少肌肉表面水分的蒸发。

（3）要减少微生物，必须从最开始时进行，严格控制原始菌数。

（4）分切加工的速度要快，作业场所的温度要求控制在10℃以下。

（5）专卖店的内部设施、用水、从业人员、包装材料等必须符合严格的卫生管理。

第五节　生鲜制品贮存、运输、销售管理规范

一、生鲜制品装卸车管理规范

（1）生鲜制品配送车必须是密闭的、带有制冷设施的、并备有自动温度监控仪的专用制冷车，要求所有的制冷车温控器的显示仪均可以远传至驾驶室，以便于汽车司机随时掌握制冷车厢内温度。

（2）配送红白条类生鲜制品的专用制冷车车厢内必须装备有特制的吊挂设施（吊轨和吊钩），并每周对吊轨进行清洗擦拭1次。

（3）所有工器具、车辆的厢壁和地面必须使用有效的食品级清洁剂或消毒剂进行清洗消毒后方可投入使用，严禁不经清洗消毒直接投入使用。以避免不干净的车辆、工器具对产品造成二次污染。

（4）生鲜制品要求必须做到在低温条件下快速、文明装卸；严禁在无任何遮盖防护措施的烈日下、风沙口、暴风雨等恶劣天气情况下野蛮装卸。

（5）装车前肉温要求严格控制在-1~0℃，红白条必须吊挂配送，盒装生鲜制品必须覆盖干净的薄膜，要求覆盖完全，产品严禁裸露。

（6）装车前要求车尾必须与生鲜配送口的对接平台对接，待自动放下防护胶囊，车厢与配送库形成一个封闭的低温区间后才能装车。

（7）装车顺序按照客户提供的卸货顺序，遵循先进后出的原则，把容易出水的3#、4#分割肉、猪肝、大肠等产品尽量放在下面，把猪蹄、猪腰、猪展、排骨类及其他不易出水的产品放在上面，文明装车。

（8）装车时根据每次的配送量合理调配摆盒层数，要求配送盒与车厢之间尽量不留空隙，以避免盒体在运输过程中错位，翻落，造成产品污染。

（9）装车时间尽可能地控制在1~1.5h。

（10）装卸车时要有相应的防护措施，严禁蚊蝇、飞虫、老鼠、蟑螂等混入车厢或产品中，严禁直接攀爬在生鲜配送盒上装卸产品。

（11）对于客户有特别温度要求的生鲜制品，由客户提供产品质量保函，在确保产品质量的情况下，依照客户要求进行配送。

（12）卸车时，要求生鲜配送车与客户的-2~0℃暂存库对接，车门开一扇、库门

开半边，迅速卸车。若无对接平台，则要求尽可能在 30min 的时间内卸车完毕。

（13）在装卸车期间，冷藏车和库门的开闭次数应控制在最少，如中间停止装卸，应立即关闭车门、库门，并启动制冷系统。

（14）卸下的盒装产品要放在特制的托架或垫盒上，严禁直接放在地上，坚决杜绝产品落地现象。

（15）用于周转的包装袋（内衬袋、收缩袋等）和盛放容器（塑料盒、托盘等）的内面或任何能接触到产品的部分必须为抗腐蚀性、不会影响到产品品质以及产生有害物质，表面必须光滑易清洗。

（16）肉品不可直接与不清洁的包装容器（或物品）接触，也不可放置在不清洁的容器内；运输生鲜制品的车辆不得同时运送动物或其他可能污染肉的产品。

（17）每配送一批生鲜制品，配送车辆必须清洗消毒 1 次；对于车厢内有异物或异味、未经清洗消毒的车辆严禁投入使用。

（18）运输车辆、工器具消毒程序。

①用清水冲洗，然后用食品级清洁剂刷去表面油污。

②用 50～100ml/L 的次氯酸钠溶液喷洒消毒 10～20min。

③用清水冲洗干净。

④或直接采用 82℃以上热水清洗消毒。

二、生鲜制品运输与销售管理规范

（1）生鲜制品配送过程中要求温度恒定在 -2～0℃，不得无故停止风机运行，以免造成产品回温出水，也不可不拉温或将温度拉至过低（长时间低于 -2℃以下，造成产品冻结）。

（2）运输时要尽可能的平稳行驶，尽量避免上下左右颠簸，以减少产品碰撞出水或将产品跌落在车厢内。

（3）运输期间，汽车司机要随时关注车厢内温度变化，当发现车厢内温度超出 -2～0℃范围时，要及时拉温或停止拉温。

（4）产品在运输过程中若出现制冷故障，应及时抢修，在此期间要密切观察车厢内温度变化，当发现产品温度超过 5℃时，应采取产品保护措施，另租冷藏车或转入 -2～0℃库。

（5）产品到达目的地后，交接时必须检查产品温度，确保分割肉产品中心温度在 1℃以下。交接入库要及时迅速，暂存库温度保持在 -2～0℃，最高不超过 1℃，避免产品回温。

（6）回返空盒要经过认真清洗后方能装车，严禁将带有血污、碎肉的脏盒带回总部。

（7）对于在连锁店（图 6-16）中进行现场加工的生鲜制品，要求从 -2～0℃的暂存库中取出生鲜制品后要迅速加工，要求每加工一批，从库中取出下一批，严禁产品积压，缩短加工时间，冷库门尽量少开，以保持库温恒定，昼夜库温波动不超过 1℃。

图6-16 舜皇山土猪连锁店

（8）现场加工间的温度控制在15℃以下，并在不超过15min的时间内迅速加工，放入-2~4℃的展销柜，中间休息时，要将产品及时入库，严禁将产品长时间放于15℃以下的现场加工间。

（9）在冷藏展销柜中，摆列的生鲜肉品量不宜太多，要少摆多补。

（10）在销售环节中，若发现有不良品质，要马上拿开，防止交叉污染。

（11）连锁店生鲜销售人员要定时（2~3h/次）测肉品鲜度；对于不新鲜的冷却肉，要及时作出相应的处理。

（12）连锁店中生鲜展销柜台温度要求控制在-2~4℃，最适温度0℃。隔夜生鲜制品要转入-2~0℃的暂存库或把展销柜台温度稳定在-2~0℃，不得在常温下存放（图6-17）。

图6-17 舜皇山土猪专柜

（13）砧板、菜刀、切片机、作业台等直接与肉品接触的地方，使用前必须进行彻底地清洗消毒，消毒方式可采用82℃以上热水或75%酒精进行消毒；加工环节每隔1h进行1次酒精喷雾消毒；加工结束后也要进行彻底地卫生消毒。

（14）连锁店生鲜区内部设施、用水、从业人员、包装材料等必须符合严格的卫生管理。

参考文献

［1］李立山，张周.2007.养猪与猪病防治［M］.北京：中国农业出版社.

［2］于桂阳，王美玲.2009.养猪与猪病防治［M］.北京：中国农业大学出版社.

［3］邢军.2012.养猪与猪病防治［M］.北京：中国农业大学出版社.

［4］于桂阳，邓发清，蒋艾青.2007.无公害生态养猪技术［M］.北京：中国农业科学出版社.

［5］郭宗义，黄金勇.2010.现代实用养猪技术大全［M］.北京：化学工业出版社.

［6］覃开权，郑春芳，等.2014.东安土猪与两广花猪肉四元杂交组合对比试验［J］.黑龙江畜牧兽医（17）：90～92.

［7］桑菊林.1998.东安猪与大约克夏、长白猪杂交育肥试验［J］.湖南畜牧兽医（3）：11～12.

［8］易小兵.2013.舜皇山土猪获国家地理标志产品保护［N］.永州日报（01-08）：1版.

［9］杨勇兵.2013.舜皇山土猪获"国保"标志［N］.永州日报（01-01）：2版.

［10］骆海瑛，王虹.2012.农发行永州市分行支持"舜皇山土猪"打入港澳市场［N］.中国畜牧兽医报（08-26）：4版.

［11］邓跃平，刘星亮，等.2009.宁乡猪饲养技术规程［S］.DB43/T428-2009湖南省畜牧水产局.

［12］肖定福，张彬，等.2009.湘西黑猪［S］.DB43/T424-2009湖南省畜牧水产局.

［13］聂海生，王中才，等.2010.种猪生产性能测定规程［S］.DB34/T1230-2010安徽省畜牧技术推广总站.

［14］王重龙，赵瑞莲，等.2010.生猪健康养殖技术规程［S］.DB34/T1133-2010安徽省农业科学院畜牧兽医研究所.

［15］陈宏权，孟祥金，等.2010.定远猪种猪饲养技术规程［S］.DB34/T1128-2010安徽省畜牧技术推广总站.

［16］陈海涛，杨军校，等.2010.超市生猪肉分割销售规范［S］.DB13/T1319-2010河北省商业联合会.

［17］袁宝君，顾振华，等.2005.腌腊肉制品卫生标准［S］.GB2730—2005中华人民共和国卫生部.

［18］季海风，王四新，等 . 2008. 规模猪场生产技术规程［S］. GB/T 17824. 2—2008 中华人民共和国农业部 .

［19］马长伟，金志雄，等 . 2004. 生猪屠宰良好操作规范［S］. GB/T 19479—2004 中国商业联合会 .

［20］张彬，蓝牧，等 . 2008. 宁乡猪［S］. GB/T 2773—2008 中华人民共和国农业部 .

［21］张立峰，张季川，等 . 2008. 生猪屠宰操作规程［S］. GB/T 17236—2008 中华人民共和国商务部 .

［22］毓厚基，阮炳琪，等 . 1999. 生猪屠宰产品品质检验规程［S］. GB/T 17996—1999 中华人民共和国商务部 .

［23］史小伟，陈海洋，等 . 2006. 屠宰和肉类加工企业卫生管理规范［S］. GB/T 20094—2006 国家认证认可监督管理委员会 .

［24］王玉芬，王永林，等 . 2008. 冷却猪肉加工技术要求［S］. GB/T 22289—2008 中华人民共和国商务部 .

［25］武向勇，刘军，等 . 2009. 酱卤肉制品［S］. GB/T 23586—2009 中国标准化研究院 .

［26］郑乾坤，郑高峰，等 . 2012. 肉制品生产管理规范［S］. GB/T 29342—2012 中国商业联合会 .